T0131545

essentials

essentials liefern aktuelles Wissen in konzentrierter Form. Die Essenz dessen, worauf es als „State-of-the-Art" in der gegenwärtigen Fachdiskussion oder in der Praxis ankommt. *essentials* informieren schnell, unkompliziert und verständlich

- als Einführung in ein aktuelles Thema aus Ihrem Fachgebiet
- als Einstieg in ein für Sie noch unbekanntes Themenfeld
- als Einblick, um zum Thema mitreden zu können

Die Bücher in elektronischer und gedruckter Form bringen das Expertenwissen von Springer-Fachautoren kompakt zur Darstellung. Sie sind besonders für die Nutzung als eBook auf Tablet-PCs, eBook-Readern und Smartphones geeignet. *essentials:* Wissensbausteine aus den Wirtschafts, Sozial- und Geisteswissenschaften, aus Technik und Naturwissenschaften sowie aus Medizin, Psychologie und Gesundheitsberufen. Von renommierten Autoren aller Springer-Verlagsmarken.

Weitere Bände in der Reihe http://www.springer.com/series/13088

Susanne Schindler-Tschirner ·
Werner Schindler

Mathematische Geschichten II – Rekursion, Teilbarkeit und Beweise

Für begabte Schülerinnen und Schüler in der Grundschule

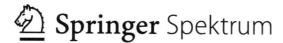

Susanne Schindler-Tschirner
Sinzig, Deutschland

Werner Schindler
Sinzig, Deutschland

ISSN 2197-6708   ISSN 2197-6716   (electronic)
essentials
ISBN 978-3-658-25501-5   ISBN 978-3-658-25502-2   (eBook)
https://doi.org/10.1007/978-3-658-25502-2

Die Deutsche Nationalbibliothek verzeichnet diese Publikation in der Deutschen Nationalbiblio-
grafie; detaillierte bibliografische Daten sind im Internet über http://dnb.d-nb.de abrufbar.

Springer Spektrum
© Springer Fachmedien Wiesbaden GmbH, ein Teil von Springer Nature 2019

Springer Spektrum ist ein Imprint der eingetragenen Gesellschaft Springer Fachmedien
Wiesbaden GmbH und ist ein Teil von Springer Nature
Die Anschrift der Gesellschaft ist: Abraham-Lincoln-Str. 46, 65189 Wiesbaden, Germany

Was Sie in diesem *essential* finden können

- Lerneinheiten in Geschichten
- Gaußsche Summenformel und eine Rekursionsformel
- Elementare Kombinatorik
- Teilbarkeit, Primfaktorzerlegung, Modulorechnung
- Beweise
- Musterlösungen

Vorwort

Konzeption und Ausgestaltung dieses *essentials* und von Band I der „Mathematischen Geschichten" (Schindler-Tschirner und Schindler 2019) resultiert aus den Erfahrungen einer Mathematik-AG für begabte Schülerinnen und Schüler, die der zweite Autor an der Grundschule in Oberwinter (Rheinland-Pfalz) geleitet hat. Daran nahmen zwölf Schülerinnen und Schüler der Klassenstufen 3 und 4 teil. Das waren 10 % aller Schülerinnen und Schüler dieser beiden Klassenstufen. Davon konnten später mindestens[1] drei Schülerinnen und Schüler bei überregionalen Mathematikwettbewerben Preise gewinnen.

Selbstverständlich gehen die Autoren nicht davon aus, dass diese Erfolge nur durch die Teilnahme an dieser Mathematik-AG ermöglicht wurden. Vielmehr möchten wir mit den beiden *essentials* einen Beitrag leisten, Interesse und Freude an der Mathematik zu wecken und mathematische Begabungen zu fördern.

Sinzig   Susanne Schindler-Tschirner
im Januar 2019   Werner Schindler

---

[1]Die Autoren haben nicht mehr zu allen Teilnehmern der Mathematik-AG Kontakt.

Inhaltsverzeichnis

Einführung

Wie der erste Band der „Mathematischen Geschichten" (Schindler-Tschirner und Schindler 2019) besteht dieses *essential* aus zwei Teilen. Auch hier enthält Teil I sechs Kapitel mit Aufgaben und Teil II die ausführlich besprochenen Musterlösungen mit didaktischen Hinweisen, mathematischen Zielsetzungen und Ausblicken. Die Aufgaben sind in eine Erzählung eingebunden, die den ersten Band fortsetzt.

Dieses *essential* richtet sich wie der erste Band (Schindler-Tschirner und Schindler 2019) an Leiterinnen und Leiter[1] von Arbeitsgemeinschaften und Förderkursen für mathematisch begabte Schülerinnen und Schüler der Klassenstufen 3 und 4, an Lehrkräfte, die differenzierenden Mathematikunterricht praktizieren, aber auch an engagierte Eltern für eine außerschulische Förderung. Die Musterlösungen sind auf die Leitung von AGs zugeschnitten; entsprechend modifiziert können sie aber auch Eltern als Leitfaden dienen, die dieses Buch gemeinsam mit ihren Kindern durcharbeiten. Im Aufgabenteil wird der Leser mit „du", im Anweisungsteil mit „Sie" angesprochen.

Auch wenn beide Bände im Wesentlichen eigenständig sind, wird empfohlen, mit Band I zu beginnen.

---

[1]Um umständliche Formulierungen zu vermeiden, wird im Folgenden meist nur die maskuline Form verwendet. Dies betrifft Begriffe wie Lehrer, Kursleiter, Schüler etc.

© Springer Fachmedien Wiesbaden GmbH, ein Teil von Springer Nature 2019
S. Schindler-Tschirner und W. Schindler, *Mathematische Geschichten II – Rekursion, Teilbarkeit und Beweise,* essentials,
https://doi.org/10.1007/978-3-658-25502-2_1

1.1 Mathematische Ziele

Die „Mathematischen Geschichten" unterscheiden sich grundlegend von manchen reinen Aufgabensammlungen, die zwar interessante und keineswegs triviale Mathematikaufgaben „zum Knobeln" enthalten, bei denen aus unserer Sicht aber das gezielte Erlernen und Anwenden von mathematischen Techniken zu kurz kommen. Wie in Band I besteht das Ziel dieses *essentials* darin, den Schülern grundlegende mathematische Techniken zu vermitteln und Freude an der Mathematik nahezubringen.

Dieses *essential* geht wie Band I nicht näher auf allgemeine didaktische Überlegungen und Theorien zur Begabtenförderung ein, wenngleich das Literaturverzeichnis für den interessierten Leser eine Auswahl einschlägiger Publikationen enthält. Dieses *essential* konzentriert sich auf die Aufgaben, die angewandten mathematischen Methoden und Techniken und auf konkrete didaktische Anregungen zur Umsetzung in einer Begabten-AG. Auch der vorliegende zweite Band enthält Aufgaben, die im normalen Schulunterricht kaum Vorbilder haben und die das mathematische Denken der Kinder fordern und fördern. Auch für begabte Schüler stellen die Aufgaben eine neue Herausforderung dar. Anders als im normalen Schulunterricht benötigen sie hier viel Ausdauer, um die gestellten Aufgaben lösen zu können. Ein besonderes Mathematiklehrbuch in der Grundschule wird nicht vorausgesetzt.

Wie im ersten Band der „Mathematischen Geschichten" werden die Schüler durch die Aufgabenstellungen hingeführt, die Lösungen möglichst selbstständig (wohl aber mit gezielten Hilfen des Kursleiters!) zu erarbeiten. Die Lösung der Aufgaben erfordert wieder ein hohes Maß an mathematischer Fantasie und Kreativität; Eigenschaften, die durch die Beschäftigung mit mathematischen Problemen gefördert werden.

Im ersten Band (Schindler-Tschirner und Schindler 2019) wurde überhaupt nicht mit Zahlen gerechnet, wenn man vom einfachen Zählen oder Addieren einmal absieht. Behandelt wurden dort die Modellierung von Realweltproblemen, konkret von Wegeproblemen und Worträtseln, durch ungerichtete und gerichtete Graphen. Außerdem wurden mathematische Spiele analysiert. Ein besonderer Schwerpunkt wurde darauf gesetzt, schwierige Probleme schrittweise in einfachere zu überführen und auf das Führen von mathematischen Beweisen. In diesem Band wird mit Zahlen gerechnet, worauf die Schüler sicher schon gewartet haben. Der Schwierigkeitsgrad der Aufgaben ist in diesem *essential* etwas höher als in Band I.

In Kap. 2 motiviert ein Realweltproblem, nämlich die Konstruktion unterschiedlich großer Siegerpodeste, die Notwendigkeit, Summen der Form $1+2+\ldots+n$ effizient zu berechnen. Nach einigen Beispielaufgaben und Vorüberlegungen wird die Gaußsche Summenformel zunächst vermutet, dann bewiesen und mehrfach angewandt. In Kap. 3 wird eine Rekursionsformel hergeleitet, um Bezahlaufgaben zu lösen. Ähnlich wie in anderen Kontexten in Band I wird dadurch ein schwieriges mathematisches Problem schrittweise auf einfachere Probleme zurückgeführt, die man lösen kann. In Kap. 4 und 5 werden Primzahlen und die Primfaktorzerlegung eingeführt. Zur Übung werden verschiedene Zahlen in Primfaktoren zerlegt. Die Schüler lernen, wie man aus der Primfaktorzerlegung einer natürlichen Zahl die Anzahl ihrer Teiler berechnen kann, ohne diese explizit bestimmen zu müssen. Hierzu sind auch grundlegende kombinatorische Überlegungen erforderlich, die ebenfalls erarbeitet werden. Ein Beweis schließt Kap. 4 ab. Das vorletzte Aufgabenkapitel (Kap. 6) behandelt Probleme mit Uhrzeiten und Wochentagen. Die Schüler erkennen schnell, dass die Tagesstunden und die Tage in der Woche periodisch sind (mit Periode 24 bzw. mit Periode 7). So wird das Rechnen mit Resten motiviert. Die Modulo-Rechnung wird eingeführt und nutzbringend angewandt. In Kap. 7 lernen die Schüler Rechenregeln für die Modulo-Rechnung und wenden diese auf Beispielaufgaben an. Der Wert der Rechenregeln wird auch an einer Teilaufgabe aus Kap. 6 motiviert, die jetzt viel einfacher und schneller gelöst werden kann. Zum Ende von Kap. 7 werden die Teilbarkeitsregeln für die Zahlen 3 und 9 behandelt, und es wird die Neunerprobe angesprochen, ein Relikt aus der Zeit vor der Einführung der Taschenrechner. In Tab. II.1 sind die mathematischen Techniken zusammengestellt, die in den einzelnen Kapiteln angesprochen werden.

Wir haben bereits im ersten Band darauf hingewiesen, dass eine konzentrierte Beschäftigung mit dieser Art von Aufgaben wichtige und unverzichtbare Fähigkeiten für den weitergehenden Erfolg in der Mathematik fördern und stärken. Das betrifft das Entwickeln eigener Ideen, aber auch „Softskills" wie Geduld, Ausdauer und Zähigkeit; siehe dazu auch die Abschn. 13.3 und 13.6 in Käpnick (2014). Dies liefert Erfahrungen, die sich auch in höheren Klassenstufen noch positiv auf das Verständnis und das Erlernen von Mathematik auswirken sollten und, blickt man sehr weit in die Zukunft, sogar für ein etwaiges späteres Studium der Mathematik, der Informatik oder der Natur- und Ingenieurwissenschaften hilfreich sind. Außerdem finden die erlernten mathematischen Methoden und Techniken auch bei Mathematikwettbewerben der Unter- und Mittelstufe (und vereinzelt sogar der Oberstufe) reichlich Anwendung.

Weniger ausführlich als in Band I sei nur auf die alljährlich stattfindende Mathematikolympiade mit klassenspezifischen Aufgaben ab Klasse 3 (Mathematik-Olympiaden e. V. 1996–2016; Mathematik-Olympiaden e. V. 2017–2018; Mathematik-Olympiaden e. V. 2013) und den Känguru-Wettbewerb (Noack et al. 2014) hingewiesen. Für eine ausführlichere Betrachtung von Mathematikwettbewerben, mathematischer Belletristik und einer Mathematikzeitschrift für Schüler sei der Leser auf Band I (Schindler-Tschirner und Schindler 2019) verwiesen. Darüber hinaus enthält das Literaturverzeichnis eine Reihe weiterer Bücher mit Aufgaben und Lösungen aus nationalen und internationalen Mathematikwettbewerben sowie Aufgabensammlungen, die sich aber meist an ältere Schüler richten.

Mit den beiden *essentials* möchten wir einen Beitrag zur Begabtenförderung von Grundschülerinnen und Grundschülern leisten. Neben den mathematischen Inhalten möchten wir bei den Schülern Freude an der Mathematik wecken und zu mathematischen Entdeckungen ermuntern.

1.2   Didaktische Anmerkungen

Teil II enthält ausführliche Musterlösungen zu den Aufgaben aus Teil I mit didaktischen Hinweisen und Hilfestellungen zur Umsetzung in einer AG. Die aufgezeigten Lösungswege sind so konzipiert, dass sie auch für Nicht-Mathematiker verständlich und nachvollziehbar sind. Die Musterlösungen sind nicht direkt für die Kinder bestimmt. Außerdem werden die mathematischen Ziele der jeweiligen Kapitel erläutert, und es werden Ausblicke gegeben, wo die erlernten mathematischen Techniken in der Mathematik und der Informatik zur Anwendung kommen.

Die Fähigkeiten der teilnehmenden Schüler sollten nicht unterschätzt, aber auch nicht überschätzt werden. Ihnen sollte unbedingt von Beginn an (wiederholt) erklärt werden, dass auch von sehr guten Schülern keineswegs erwartet wird, dass sie alle Aufgaben selbstständig lösen können. Das ist sehr wichtig, da eine dauerhafte Überforderung und/oder (gefühlte) Erfolglosigkeit zu nachhaltigen Frustrationen führen kann, die der Einstellung zur Mathematik bestimmt nicht förderlich sind. Das wäre das Gegenteil dessen, was dieses *essential* erreichen möchte. Daher sollten die Teilnehmer sorgfältig ausgewählt werden. In der oben angesprochenen Mathematik-AG wurden die Teilnehmer von den Klassenlehrerinnen der Jahrgangsstufen 3 und 4 vorgeschlagen.

Kap. 2 bis 7 bestehen aus vielen Teilaufgaben, deren Schwierigkeitsgrad normalerweise ansteigt. Leistungsschwächere Schüler sollten bevorzugt die einfacheren Teilaufgaben bearbeiten. Einige Teilaufgaben eignen sich sehr gut für eine Bearbeitung in Kleingruppen von 2 bis 3 Schülern. In den Musterlösungen wird zuweilen darauf hingewiesen. Der Kursleiter sollte den Schülern genügend Zeit einräumen, eigene Lösungswege zu entdecken und auch Lösungsansätze zu verfolgen, die nicht den Musterlösungen entsprechen.

Es ist nicht einfach, wenn nicht gar unmöglich, Aufgaben zu entwickeln, die optimal auf die Bedürfnisse jeder Mathematik-AG oder jedes Förderkurses zugeschnitten sind. Es liegt im Ermessen des Kursleiters, Teilaufgaben wegzulassen oder eigene Teilaufgaben hinzuzufügen. So kann er den Schwierigkeitsgrad in einem gewissen Rahmen beeinflussen und der Leistungsfähigkeit der Kursteilnehmer anpassen. Dies betrifft dieses *essential* in besonderem Maß, da die einzelnen Kapitel deutlich mehr Teilaufgaben als in Band I (Schindler-Tschirner und Schindler 2019) enthalten. In den Musterlösungen wird dieser Aspekt mehrfach angesprochen. Dem Erfassen und Verstehen der Lösungsstrategien durch die Schüler sollte in jedem Fall Vorrang vor dem Ziel eingeräumt werden, möglichst alle Teilaufgaben zu „schaffen". Die einzelnen Kapitel dürften in der Regel mehr als ein Kurstreffen erfordern.

Arbeitet der Kursleiter mit Aufgabenblättern, sollten diese gemeinsam gelesen werden; allerdings jeweils nur diejenigen Teilaufgabe(n), die als Nächstes zur Bearbeitung anstehen. Alle Teilaufgaben auf einmal vorzustellen, könnte bei den Teilnehmern schon zu Beginn zu schneller Entmutigung und Resignation führen. Ein bewährtes Vorgehen ist das Vorlesen der Aufgabe durch einen leistungsstarken Schüler und, sofern notwendig, die Klärung der Aufgabenstellung. Da an der AG jüngere Schüler teilnehmen, ist dieser Schritt sehr wichtig. Verständnisprobleme bei den Aufgabenstellungen sollten nicht unterschätzt werden.

Normalerweise sollte mit Aufgabenteil a) begonnen werden. Jeder Schüler sollte eine angemessene Zeit (abhängig vom Leistungsstand der Lerngruppe) zur Verfügung haben, allein (gegebenenfalls mit Hilfestellung) über die Aufgabenstellung nachzudenken. Danach werden die verschiedenen Ideen, Lösungsansätze oder vielleicht sogar fertige Lösungen gesammelt. Jeder Schüler sollte regelmäßig die Gelegenheit erhalten, seinen Lösungsansatz bzw. seine Lösung vor den anderen zu präsentieren. Dadurch wird nicht nur das eigene Vorgehen nochmals reflektiert, sondern auch so wichtige Kompetenzen wie eine klare Darstellung der eigenen Überlegungen und mathematisches Argumentieren geübt; vgl. auch Nolte (2006, S. 94).

In der erwähnten Mathematik-AG waren die Viertklässler im Durchschnitt deutlich leistungsstärker als die Drittklässler. Dies lag nicht daran, dass den Drittklässlern notwendige mathematische Vorkenntnisse gefehlt hätten. Vielmehr dürfte dies das Ergebnis einer größeren intellektuellen Reife der älteren Schüler sein. Dies mag für erfahrene Lehrkräfte wenig überraschend sein. Jedenfalls sollte der Kursleiter diesen Effekt im Auge behalten.

Die Einbettung der Aufgaben in eine große, fortlaufende Abenteuergeschichte bildet nicht nur den Erzählrahmen, sondern gibt den Kindern auch ein Gefühl der Geborgenheit. Zu Beginn jeder neuen Unterrichtsstunde holt der Lehrende die Kinder wieder in die märchenhafte, verzauberte Welt von Clemens zurück, um Berührungsängste mit den Aufgabenstellungen gar nicht erst aufkommen zu lassen.

1.3   Der Erzählrahmen

Anna und Bernd gehen in die dritte Klasse. Ihr Lieblingsfach ist Mathematik, und darin sind sie auch ziemlich gut. Sie möchten unbedingt in den Klub der begeisterten jungen Mathematikerinnen und Mathematiker, oder kürzer gesagt, in den CBJMM, eintreten. Leider darf man laut Klubsatzung erst in den CBJMM eintreten, wenn man mindestens die fünfte Klasse besucht. Ausnahmen hat es bislang nicht gegeben.

Aber Anna und Bernd waren sehr hartnäckig, sodass ihnen der Klubvorsitzende Carl Friedrich eine Chance eingeräumt hat. Sie sollen dem Zauberlehrling Clemens, dem Klubmaskottchen des CBJMM, dabei helfen, zwölf mathematische Abenteuer[2] zu bestehen, damit dieser eine Reihe von nützlichen Zauberutensilien gewinnen kann, die für einen Zauberer unverzichtbar sind.

Carl Friedrich ermahnt Anna und Bernd, beim Lösen der Aufgaben zusammenzuarbeiten. Carl Friedrich glaubte nicht, dass sie die Aufnahme in den CBJMM schaffen könnten. Allerdings hat er inzwischen (am Ende von Band I) überrascht festgestellt, dass die beiden sich sehr gut geschlagen haben und auf dem besten Wege sind, die Aufnahmeprüfung zu bestehen. Allerdings müssen sie sich noch bei der zweiten Hälfte der Aufgaben bewähren, die in Kap. 2 bis 7 zu lösen sind.

Clemens hat in den ersten sechs mathematischen Abenteuern übrigens die folgenden Zauberutensilien erworben: einen Zauberstab, ein Zaubertuch, einen magischen Rubin, ein Quäntchen Drachensalbe, eine Wabe mit magischem Honig und drei Zaubernüsse, die Clemens bei Bedarf einen Lösungshinweis verraten, aber leider nur je einmal verwendet werden können.

---

[2]Jeweils sechs Abenteuer in Band I und in diesem *essential* (Kap. 2 bis 7).

Teil I

Aufgaben

Es folgen 6 Kapitel mit Aufgaben. Im Erzählkontext sind dies die mathematischen Abenteuer von Zauberlehrling Clemens. Es werden neue mathematische Begriffe und Techniken eingeführt. Die Erzählung und die Aufgabenstellungen (und natürlich der Kursleiter!) leiten die Schüler auf den richtigen Lösungsweg.

Jedes Kapitel endet mit einem Abschnitt, der die aktuelle Situation aus Sicht von Anna, Bernd und Clemens beschreibt. Mit einer kurzen Zusammenfassung, was die Schüler in diesem Kapitel gelernt haben, tritt dieser Abschnitt am Ende aus dem Erzählrahmen heraus. Diese Beschreibung erfolgt nicht in Fachtermini wie in Tab. II.1, sondern in schülergerechter Sprache.

Summieren leicht gemacht

In Rechtwinkelshausen findet demnächst ein Zauberer-Kongress statt, bei dem Zauberer aus aller Welt ihre Zauberkunststücke in verschiedenen Disziplinen vorführen. In jeder Disziplin werden die besten Zauberer geehrt. Die Preise und Auszeichnungen werden auf Podesten verliehen, die aus Zaubersteinen gemauert sind. Anders als bei den olympischen Spielen werden nicht nur die drei besten Zauberer geehrt, sondern viel mehr. Wie viele Zauberer geehrt werden, hängt von der Disziplin ab.

Clemens ist glücklich und stolz, dass er bei der Organisation des diesjährigen Zauberkongresses mithelfen darf. Er soll beim Baumarkt Kadabra Zaubersteine für die Siegerpodeste bestellen. Weil Zaubersteine teuer sind, soll er die genaue Anzahl bestellen. Abb. 2.1 zeigt ein Siegerpodest für 5 Zauberer. Dafür braucht man 6 Zaubersteine. Wenn Clemens alles zur Zufriedenheit des Zaubermeisters erledigt, bekommt er ein Zauberseil. Mit einem Zauberspruch kann man ein Zauberseil so verknoten, dass nur ganz große Zauberer diese Knoten wieder lösen können.

a) In der Disziplin „Kunststücke mit Kaninchen" werden die besten 7 Zauberer geehrt. Wie viele Steinreihen braucht man für dieses Siegerpodest?
b) Wie viele Steine benötigt man für ein Podest für 7 Zauberer?
c) In der Disziplin „Tricks mit doppeltem Boden" werden die besten 23 Zauberer geehrt. Wie viele Zaubersteine braucht man für dieses Siegerpodest? Bestimme hierfür zunächst die Anzahl der Steinreihen.
d) In der Disziplin „Nichts ist unmöglich" werden sogar 39 Zauberer geehrt. Wie viele Zaubersteine braucht man für dieses Siegerpodest?

© Springer Fachmedien Wiesbaden GmbH, ein Teil von Springer Nature 2019
S. Schindler-Tschirner und W. Schindler, *Mathematische
Geschichten II – Rekursion, Teilbarkeit und Beweise*, essentials,
https://doi.org/10.1007/978-3-658-25502-2_2

Abb. 2.1 Siegerpodest für
5 Zauberer

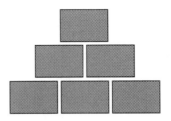

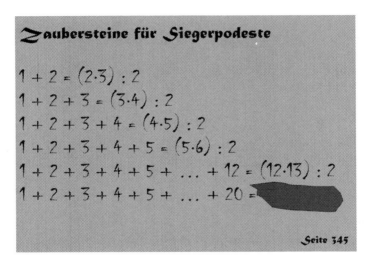

Abb. 2.2 Seite 345 aus „Zaubersteine – Bestellen leicht gemacht"

Clemens erkennt ganz schnell, dass er für dieses Podest 20 Steinreihen braucht.
Mit anderen Worten: Er muss $1 + 2 + \ldots + 20$ Zaubersteine bestellen, das ist klar.
Aber wie viele sind das? So viele Zahlen zusammenzuzählen, das ist wirklich
harte Arbeit! Und verrechnen sollte er sich schon gar nicht. Schließlich möchte
er ja ein Zauberseil haben. Schon Teilaufgabe c) empfand Clemens als ziemlich
anstrengend. Daher stellt er diese Bestellung erst einmal zurück und sucht in alten
Zauberbüchern, ob man das nicht vielleicht einfacher hinkriegen kann.

In dem Buch „Zaubersteine – Bestellen leicht gemacht" findet er folgende ver-
gilbte Seite (siehe Abb. 2.2):

Rechenregel Die Rechnung innerhalb einer Klammer wird zuerst ausgeführt. So berechnet man beispielsweise in der Formel $(3 \cdot 4) : 2$ zuerst $3 \cdot 4 = 12$, und dann $12 : 2 = 6$.

Leider ist ausgerechnet die wichtigste Formel nicht mehr lesbar, weil gemeine Trolle einen dicken Tintenklecks über dem Ergebnis verschmiert haben.

e) Überprüfe die Formeln aus Abb. 2.2 an den Teilaufgaben b) und c).

f) Was steht wohl unter dem Klecks? Was vermutest Du?

g) Wie viele Zaubersteine benötigt man, um das Zauberpodest aus Aufgabe d) zu bauen, wenn deine Vermutung richtig ist?

h) Clemens hat sich die Formeln im Zauberbuch genau angesehen und glaubt, dass er eine allgemeine Gesetzmäßigkeit erkannt hat. Er vermutet, dass für alle Zahlen die folgende Formel gilt:

$$1 + 2 + \ldots + n = (n \cdot (n + 1)) : 2 \quad \text{(Gaußsche Summenformel)} \quad (2.1)$$

Was heißt das eigentlich genau? Mathematiker verwenden gerne solche Formeln, in denen der Buchstabe n für eine Zahl steht. Wenn wir n zum Beispiel durch 3 oder durch 12 ersetzen, erhalten wir die zweite und die fünfte Formel aus dem Zauberbuch.
Wende die Formel Gl. 2.1 auf b), c) und g) an.

i) Allerdings hat Clemens schon gelernt, dass das in der Mathematik mit Vermutungen so eine Sache ist. Kannst du Clemens helfen, seine Vermutung zu beweisen?

j) Verwende die Gaußsche Summenformel, um $1 + 2 + \ldots + 30$ zu berechnen.

k) Berechne $1 + 2 + \ldots + 55$.

l) Berechne $1 + 2 + \ldots + 100$.

m) Berechne $3 + 4 + \ldots + 39$. Aber Vorsicht! Diese Summe beginnt erst mit 3. (Tipp: Ergänze die Summe links durch „$1 + 2 +$" und ziehe 3 hinten wieder ab.).

Anna, Bernd, Clemens und die Schüler
Clemens ist glücklich, weil er jetzt auch ein Zauberseil besitzt.
Anna und Bernd freuen sich, dass endlich mit Zahlen gerechnet wurde. Bernd meint: „Die Formel $1 + 2 + \ldots + n = (n \cdot (n + 1)) : 2$ ist ja super. Damit kann man ganz schön viel machen. Ich habe gehört, dass der große Mathematiker Carl Friedrich Gauß[1] diese Formel selbstständig entdeckt hat, als er so alt war wie

---

[1]Carl Friedrich Gauß (1777–1855) war ein herausragender deutscher Mathematiker (vgl. auch Kap. 8).

wir." Und Anna fügt hinzu: „Ich hätte nicht gedacht, dass man in unserem Alter schon neue mathematische Formeln entdecken kann. Vielleicht entdecken wir ja auch einmal eine neue Formel. Das wäre toll!"

Der Klubvorsitzende vom CBJMM heißt auch Carl Friedrich. Ob das etwas zu bedeuten hat?

Was ich in diesem Kapitel gelernt habe

- Mit der Gaußschen Summenformel kann man $1+2+\ldots+n$ leicht ausrechnen.
- Ich habe die Gaußsche Summenformel bewiesen und angewandt.

Bezahlprobleme am Kiosk 3

Clemens möchte von seinem Taschengeld ein paar Süßigkeiten beim Kiosk vom gutmütigen Troll Eberhard kaufen. „Bezahlt wird bei mir aber mit Zauber-Euro (Z€) und Zauber-Cent (ZC)", belehrt ihn Eberhard. Clemens will den Kiosk wieder enttäuscht verlassen, doch Eberhard hält ihn zurück und deutet auf einen Wechselautomaten links von der Theke. „Ich stelle dir noch ein paar Aufgaben. Wenn du sie lösen kannst, schenke ich dir noch ein Päckchen Zauberbrause dazu", sagt Eberhard.

a) Ein schmackhaftes Himbeerbonbon kostet 8 ZC. Gib alle Möglichkeiten an, mit denen Clemens diesen Betrag in 1- und 2-Zauber-Cent-Münzen bezahlen kann. Die Reihenfolge, in der Clemens die Münzen auf die Theke legt, spielt dabei keine Rolle.

b) Eine kleine Tüte Gummielche kostet 13 ZC und ein Schokoriegel 21 ZC. Gib wieder alle Möglichkeiten an, diese Beträge in 1- und 2-Zauber-Cent-Münzen zu bezahlen.

c) Erkennst du eine Gesetzmäßigkeit, mit der du die Anzahl der Bezahlmöglichkeiten berechnen kannst, ohne alle Möglichkeiten aufzuzählen?

Schreibweise Eine unterstrichene Zahl bedeutet eine Münze mit diesem Wert, z. B. bezeichnet $(\underline{2}\text{-ZC})$ ein Geldstück zu 2 Zauber-Cent. Es bezeichnet $A(n|\underline{1},\underline{2})$ die Anzahl der Möglichkeiten, einen Betrag von n ZC in $(\underline{1}\text{-ZC})$- und $(\underline{2}\text{-ZC})$-Münzen zu bezahlen.

Beispiel $A(8|\underline{1},\underline{2}) = 5$

© Springer Fachmedien Wiesbaden GmbH, ein Teil von Springer Nature 2019
S. Schindler-Tschirner und W. Schindler, *Mathematische Geschichten II – Rekursion, Teilbarkeit und Beweise*, essentials,
https://doi.org/10.1007/978-3-658-25502-2_3

Jetzt ist guter Rat teuer, denn Clemens hat keine Idee, wie er Teilaufgabe c) lösen könnte. Da erinnert er sich an die drei Zaubernüsse, die er im letzten Abenteuer in Band I (Schindler-Tschirner und Schindler 2019) gewonnen hat. Er nimmt eine Zaubernuss aus seiner Tasche und schleudert sie mit aller Kraft auf den Boden. Nach lautem Getöse und buntem Rauch spricht eine dunkle Stimme: „Unterscheide zwischen geradzahligen und ungeradzahligen Beträgen. Das bringt dich der Lösung näher".

Aus a) und b) wissen wir, dass A(8|1,2) = 5, A(13|1,2) = 7 und A(21|1,2) = 11 gelten. In Teilaufgabe c) werden Berechnungsformeln für A(n|1,2) gesucht, wobei zwischen geradem und ungeradem n unterschieden werden muss.

d) Wende die gefundenen Formeln auf die Teilaufgaben a) und b) an.

e) Wende die Formeln auf die Schokolade (72 ZC) und die große Tüte Gummielche (53 ZC) an.

f) Auf wie viele Möglichkeiten kann Clemens den Schokoriegel für 21 ZC bezahlen, wenn er auch (5-ZC)-Münzen verwenden darf?

Bezahlaufgaben mit (1-ZC)- und (2-ZC)-Münzen hat Clemens verstanden, aber Teilaufgabe f) ist deutlich komplizierter. Clemens opfert eine weitere Zaubernuss, und die dunkle Stimme spricht zu ihm: „Nutze aus, was du schon weißt."

Clemens weiß mit diesem Hinweis nichts anzufangen und ist traurig, dass er die Zaubernuss umsonst verwendet hat. Da sagt Eberhard zu ihm: „Überlege dir, wie viele Möglichkeiten es gibt, wenn du genau zwei (5-ZC)-Münzen verwendest. Wie sieht es aus, wenn du genau drei (5-ZC)-Münzen verwendest?"

g) Löse die Aufgaben, die Eberhard gerade gestellt hat.

Clemens hat Eberhards Hinweis verstanden. Er schreibt die folgende Formel auf ein Blatt Papier. Dabei bezeichnet A(21|1,2,5) die Anzahl der Möglichkeiten, 21 ZC mit (1-ZC)-, (2-ZC)- und (5-ZC)-Münzen zu bezahlen.

$$A(21|1,2,5) = A(21|1,2) + A(16|1,2) + A(11|1,2) + A(6|1,2) + A(1|1,2) \quad (3.1)$$

„Sehr gut, Clemens!", lobt Eberhard.

Eberhard erklärt Das ist ein Beispiel für eine Rekursionsformel. Der unbekannte Wert A(21|1,2,5) wird als Summe von A(21|1,2), A(16|1,2), A(11|1,2), A(6|1,2) und A(1|1,2) ausgedrückt. Die Summanden sehen zwar ähnlich aus wie A(21|1,2,5), sind aber einfacher zu berechnen, weil nicht mehr drei verschiedene Münzen berücksichtigt werden müssen, sondern nur noch zwei. Du weißt ja schon, wie viele Bezahlmöglichkeiten es gibt, wenn man nur mit (1-ZC)- und (2-ZC)-Münzen bezahlen kann. Manchmal muss man mehrere solche Schritte durchführen.

h) Erkläre die Formel Gl. 3.1 und berechne A(21|1,2,5).

i) Berechne A(19|1,2,5).

j) Kannst du A(21|1,2,5,10) berechnen? Jetzt dürfen auch (10-ZC)-Münzen verwendet werden. Nutze hierzu Clemens Idee.

k) Denke dir selbst eine Bezahlaufgabe aus und löse sie.

Anna, Bernd, Clemens und die Schüler

Clemens besitzt nun endlich ein Päckchen Zauberbrause, mit dem er gewöhnliches Leitungswasser in jedes Getränk seiner Wahl verwandeln kann.

Anna meint: „So eine Rekursionsformel ist schon eine tolle Sache." Und Bernd ergänzt stolz: „Und wir haben sie selbst hergeleitet!" Außerdem sind Anna und Bernd erstaunt (und auch ein wenig neidisch), wie billig Süßigkeiten in Rechtwinkelshausen sind.

Was ich in diesem Kapitel gelernt habe

- Ich habe eine Rekursionsformel kennengelernt.
- Mit einer Rekursionsformel kann man schwierige Probleme auf einfachere Probleme zurückführen und lösen.

Die erste Begegnung mit Zwerg Dividus

4

In Zwergdorf, einem Nachbarort von Rechtwinkelshausen, wohnen Zwerge. Clemens trifft dort auf den Zwerg Dividus. Dieser mag mathematische Rätsel, aber am liebsten teilt er Zahlen. Abb. 4.1 zeigt seine letzte Arbeit.

Und Dividus ist großzügig. „Ich schenke dir eine Tarnkappe, falls du ein paar interessante Aufgaben lösen kannst." „Eine Tarnkappe wäre großartig", sagt Clemens voller Vorfreude. „Allerdings musst du dazu noch Einiges wissen", antwortet Dividus. „Ich gebe dir ein paar Hinweise".

Dividus erklärt Die Zahlen 1, 2, 3, ... nennt man natürliche Zahlen. Eine natürliche Zahl m heißt Teiler von n, falls n durch m ohne Rest teilbar ist.

Beispiel 4 ist ein Teiler von 12, und 9 ist ein Teiler von 18, aber 5 ist kein Teiler von 9.

a) Bestimme für alle natürlichen Zahlen von 1 bis 30 die Menge ihrer Teiler.
   Beispiel: Die Zahl 10 besitzt genau vier Teiler, nämlich 1, 2, 5 und 10.
b) Welche dieser Zahlen haben die wenigsten Teiler, und welche die meisten? Gibt es Zahlen, die genau zwei Teiler haben?

Dividus erklärt Natürliche Zahlen, die nur durch 1 und sich selbst teilbar sind, nennt man Primzahlen. Aber merke: Die Zahl 1 ist keine Primzahl!

c) Gib 5 Primzahlen an.
d) Welche der folgenden Zahlen sind Primzahlen: 7, 14, 41, 51, 72, 83, 100?
e) Bestimme alle Primzahlen, die kleiner als 30 sind. Nutze hierfür die Ergebnisse aus a) und b).

© Springer Fachmedien Wiesbaden GmbH, ein Teil von Springer Nature 2019
S. Schindler-Tschirner und W. Schindler, *Mathematische Geschichten II – Rekursion, Teilbarkeit und Beweise*, essentials,
https://doi.org/10.1007/978-3-658-25502-2_4

$$12 = 2 \cdot 2 \cdot 3$$

Abb. 4.1 Primfaktorzerlegung der Zahl 12

f) Stelle die natürlichen Zahlen von 2 bis 15 als Produkt von Primzahlen dar.
    Beispiel: $10 = 2 \cdot 5$, $11 = 11$.

Dividus erklärt Man kann jede natürlich Zahl n, die größer als 1 ist, als das Produkt von Primzahlen darstellen. Das nennt man die Primfaktorzerlegung von n. Die Primfaktorzerlegung ist übrigens eindeutig, wenn man von der Reihenfolge der Primfaktoren absieht.

Dividus stellt fest: „Du hast gerade die Primfaktorzerlegungen der Zahlen 2 bis 15 berechnet, Clemens!"

g) Berechne die Primfaktorzerlegung der natürlichen Zahlen zwischen 16 und 30.

Dividus erklärt Eine natürliche Zahl n heißt Quadratzahl, wenn es eine natürliche Zahl m gibt, für die m $\cdot$ m = n gilt.

Beispiel 25 ist eine Quadratzahl, weil $25 = 5 \cdot 5$ ist. 10 ist keine Quadratzahl.

h) Welche der natürlichen Zahlen zwischen 1 und 30 haben eine ungerade Anzahl von Teilern?
i) Hast du eine Vermutung, welche natürlichen Zahlen zwischen 1 und 200 eine ungerade Anzahl von Teilern haben?
j) Versuche, deine Vermutung zu beweisen.

Anna, Bernd, Clemens und die Schüler
Bernd sagt: „Schon wieder ein Beweis zum Schluss." „Beweisen ist gar nicht einfach, aber wenn man einen Beweis gefunden hat, macht einen das schon stolz", meint Anna.

Was ich in diesem Kapitel gelernt habe
- Ich weiß, was Primzahlen sind.
- Ich habe Zahlen in ihre Primfaktoren zerlegt.
- Ich habe schon wieder einen Beweis gesehen und verstanden.

Zwerg Minimus ist gar nicht nett

Nachdem Clemens die Tarnkappe von Zwerg Dividus gewonnen hat, setzt auch Zwerg Minimus (der kleinste Zwerg in ganz Zwergdorf) einen Preis aus, nämlich einen grünen Smaragd mit unglaublichen Zauberkräften. Allerdings ist Zwerg Minimus gar nicht freundlich. Er ist sich nämlich ganz sicher, dass niemand seine Mathe-Rätsel lösen kann, und schon gar nicht ein Kind. Daher überredet er Clemens zu einer riskanten Wette: Wenn Clemens Minimus Aufgaben lösen kann, bekommt er den Smaragd; sonst muss er Minimus seine Tarnkappe geben, die er erst im letzten Abenteuer gewonnen hat. „Ich möchte zuerst die Aufgaben sehen", sagt Clemens, aber Minimus erwidert höhnisch: „Dann könnte ja jeder wetten! Wenn du Angst hast oder einfach keine Ahnung von Mathematik, dann vergessen wir die Wette. Die Aufgaben haben übrigens mit Teilern zu tun." Darüber hat Clemens doch gerade Einiges bei Zwerg Dividus gelernt. Clemens wird übermütig und nimmt die Wette an.

„Na gut, Clemens. Dann sag mir mal, wie viele Teiler die Zahl 42 besitzt." Clemens murmelt leise vor sich hin: „1 ist ein Teiler von 42, 2 ist ein Teiler von 42, 3 ist ein Teiler von 42, 4 ist kein Teiler von 42, … ." „Wird's bald, Clemens? Wie lange soll ich denn noch warten?" „Ich muss doch alle Zahlen zwischen 1 und 42 prüfen, ob sie 42 teilen oder nicht. Das dauert seine Zeit." „Die hast du aber nicht! Wie soll das erst werden, wenn ich dich frage, wie viele Teiler die Zahlen 125 oder 168 besitzen? Das musst du in höchstens 3 Minuten schaffen. Sonst habe ich die Wette gewonnen. Willst du gleich aufgeben?" „Nein, Minimus, nein. Ich brauche doch meine Tarnkappe", fleht Clemens. „Na gut, Clemens, ich gebe dir noch eine Chance. Du hast bis morgen Zeit, dir zu überlegen, wie du meine Aufgaben lösen kannst. Vielleicht kommt dir ja über Nacht eine Eingebung", fügt er noch höhnisch hinzu.

© Springer Fachmedien Wiesbaden GmbH, ein Teil von Springer Nature 2019
S. Schindler-Tschirner und W. Schindler, *Mathematische Geschichten II – Rekursion, Teilbarkeit und Beweise*, essentials, https://doi.org/10.1007/978-3-658-25502-2_5

Ziemlich mutlos und tieftraurig macht sich Clemens auf den Weg zu Dividus. Bei Dividus angekommen, erzählt er ihm von seiner Wette. „Ich denke, ich kann dir helfen", sagt Dividus. „Aber du musst mir versprechen, nicht mehr zu wetten." „Das mache ich", sagt Clemens kleinlaut, „hilf mir nur aus der Patsche." „So einfach ist das aber nicht. Ich darf dir die Lösungsmethode nicht verraten. Das verstößt gegen den Ehrenkodex der Zwerge, denn schließlich hast du ja gegen einen Zwerg gewettet. Und außerdem musst du dich schon selbst anstrengen, wenn du den grünen Smaragd haben willst. Ein paar Tipps kann ich dir aber schon geben. Schließlich hat dich Minimus zu dieser Wette überredet."

„Zerlege die Zahlen 42 in ihre Primfaktoren, Clemens." Clemens rechnet auf der kleinen Schiefertafel, die Dividus immer bei sich hat:

$$42 = 2 \cdot 21 = 2 \cdot 3 \cdot 7$$

„Sehr gut! Wie du weißt, ist $2 \cdot 3 \cdot 7$ die Primfaktorzerlegung von 42. Und zur Übung noch ein paar weitere Aufgaben":

a) Zerlege 63 in Primzahlen.
b) Zerlege 125 in Primzahlen.

Dividus erklärt Für jede natürliche Zahl n gilt die Schreibweise $n^1 = n$, $n^2 = n \cdot n$, $n^3 = n \cdot n \cdot n$, … . Damit kann man die Primfaktorzerlegung übersichtlicher aufschreiben. Dies nennt man Potenzen. Die große Zahl heißt Basis, und die kleine hochgestellte Zahl ist der Exponent. Außerdem ist $n^0 = 1$ für alle natürlichen Zahlen n.

Beispiel $2^0 = 1$, $2^1 = 2$, $2^2 = 2 \cdot 2 = 4$, $2^3 = 2 \cdot 2 \cdot 2 = 8$,… und $5^0 = 1$, $12^1 = 12$, $23^2 = 23 \cdot 23$.
Es ist „23^2" eine Potenz von 23. Dabei ist „23" die Basis und „2" der Exponent.

c) Verwende die Potenzschreibweise für die Primfaktorzerlegungen von 63 und 125.

Dividus gibt noch einen Hinweis: „Clemens, zerlege die Zahl 12 in ihre Primfaktoren, und schreibe alle Teiler von 12 auf die Tafel. Fällt dir etwas auf?" Clemens schreibt

$$12 = 2^2 \cdot 3, \quad \text{Teiler von } 12 = \{1, 2, 3, 4, 6, 12\} \qquad (5.1)$$

„Zerlege jetzt alle Teiler von 12, die größer als 1 sind, selbst in Primfaktoren."

$$\text{Teiler von } 12 = \left\{ 1, 2, 3, 2^2, 2 \cdot 3, 2^2 \cdot 3 \right\} \tag{5.2}$$

Clemens denkt angestrengt nach, aber er erkennt immer noch keine Gesetzmäßigkeit.

d) Kannst du ihm helfen? Zerlege 20 in seine Primfaktoren. Schreibe alle Teiler von 20 auf und zerlege diese (außer der 1) in Primfaktoren. Wie viele Teiler sind das?

e) Zerlege 35 in seine Primfaktoren. Schreibe alle Teiler von 35 auf und zerlege diese (außer der 1) in Primfaktoren. Wie viele Teiler sind das?

f) Die modebewusste Maus Karl Nager besitzt drei Hemden, und zwar ein blaues, ein gelbes und ein rotes Hemd. Außerdem hat Karl eine gestreifte und eine gepunktete Hose.
Wie viele unterschiedliche Kombinationen aus Hemd und Hose gibt es?

g) Weiterhin besitzt Karl Nager vier Paar Socken, und zwar ein schwarzes Paar, ein weißes Paar, ein schwarz-weiß kariertes Paar und ein lila Paar.
Auf wie viele verschiedene Arten kann sich Karl Nager anziehen, d. h. Hemd, Hose und Socken auswählen?

„Was hat denn das mit den Teilern zu tun?", fragt Clemens genervt. „Auch wenn das bestimmt total interessant ist, habe ich jetzt dafür keine Zeit, Dividus". „Habe Vertrauen zu mir. Mehr kann ich dir wegen des Ehrenkodexes der Zwerge nicht helfen", antwortet Dividus.

Da fällt Clemens ein, dass er noch eine letzte Zaubernuss besitzt. Er wirft sie zu Boden, und die schon wohlbekannte dunkle Stimme spricht: „Auch das scheinbar Überflüssige kann manchmal nützlich sein. Stelle alle Teiler von 12 als Produkte von Potenzen von 2 und 3 dar, auch wenn 2^0 oder 3^0 auftreten."

Noch etwas zittrig, schreibt Clemens

$$\text{Teiler von } 12 = \left\{ 2^0 \cdot 3^0, 2^1 \cdot 3^0, 2^0 \cdot 3^1, 2^2 \cdot 3^0, 2^1 \cdot 3^1, 2^2 \cdot 3^1 \right\} \tag{5.3}$$

h) Zurück zu den Teilern: Erkennst du jetzt eine Regel? Wie werden die Teiler gebildet? Kannst du *ausrechnen,* wie viele Teiler 12 besitzt?

i) Versuche, die Anzahl der Teiler von 55 aus der Zerlegung in Primfaktoren auszurechnen, ohne die Teiler selbst zu bestimmen.

Nach einer unruhigen Nacht geht Clemens zu Minimus. Siegessicher und mit schadenfrohem Grinsen gibt Minimus Clemens ein Blatt mit den folgenden sechs Aufgaben:

j)   Wie viele Teiler hat die Zahl 100?
k)   Wie viele Teiler hat die Zahl 99?
l)   Wie viele Teiler hat die Zahl 128?
m) Wie viele Teiler hat die Zahl 168?
n)   Wie viele Teiler hat die Zahl 525? Tipp: $525 = 3^1 \cdot 5^2 \cdot 7^1$.
o)   Wie viele Teiler hat die Zahl 529? Tipp: $529 = 23^2$.

Jetzt gilt es! Clemens hat die Hinweise von Dividus und der dunklen Stimme nur ungefähr verstanden. Ihr müsst ihm jetzt helfen!

Anna, Bernd, Clemens und die Schüler
Das war ein sehr langes, anstrengendes Abenteuer. Clemens ist ziemlich erschöpft, ebenso wie Anna und Bernd.

Anna und Bernd sind erstaunt, wie viele neue mathematische Techniken sie schon gelernt haben. „Ob in den beiden letzten Abenteuern noch mehr neue Mathematik dazu kommt?", fragt sich Bernd.

Was ich in diesem Kapitel gelernt habe
- Ich habe wieder Zahlen in Primfaktoren zerlegt.
- Ich weiß jetzt, wie ich aus der Primfaktorzerlegung die Anzahl der Teiler berechnen kann.

Zwerg Modulus greift ein

An jedem Freitagabend verfolgt Clemens die überaus beliebte Quizsendung „Uhrzeit, Tag und Jahr", die im Rechtwinkelhausener Sender „Quiz-TV" ausgestrahlt wird. Dort müssen die Kandidaten möglichst schnell Fragen beantworten wie etwa „Welcher Wochentag ist in 235 Tagen?" oder „Wie spät ist es in 43 Stunden?". Windhund Velox ist der Champion des Senders. Wer ihn in einem Quizduell besiegt, gewinnt eine der begehrten Zauberuhren. Das Quizduell gewinnt, wer zuerst 5 Punkte erzielt hat. Wer eine Frage zuerst richtig beantwortet, erhält einen Punkt. Allerdings darf jeder Kandidat zu jeder Frage nur eine Antwort abgeben, damit er nicht einfach alle Wochentage oder alle Uhrzeiten durchprobieren kann.

Clemens ist von der Sendung und vor allem von der Aussicht auf eine Zauberuhr fasziniert. Mit einer solchen Uhr, so hofft er, könnte er zwei Sonntage in einer Woche erzeugen und damit gleich zwei Mal Taschengeld bekommen. Allerdings ist Velox wahnsinnig schnell. Neulich hat er für die (richtige!) Lösung der Frage, welcher Wochentag in 235 Tagen ist, nur ganze 10 Sekunden gebraucht. „Unglaublich", denkt Clemens, „ich bräuchte dafür bestimmt mindestens 5 Minuten. Aber mit guter Mathematik geht das bestimmt viel schneller, und vielleicht kann ich dann sogar Velox schlagen." Nur: Auch nach langem angestrengten Nachdenken hat Clemens noch keine gute Idee.

Also macht er sich wieder einmal auf den Weg zu Zwerg Dividus und schildert diesem sein Problem. Dividus weiß auch keinen Rat. Glücklicherweise ist sein Vetter, der Zwerg Modulus, ein paar Tage bei Dividus zu Besuch. Er hat das Gespräch zwischen Clemens und Dividus mitgehört und sagt schließlich: „Ich weiß, was man da tun kann. Hast du schon etwas von der Modulo-Rechnung gehört, Clemens?" „Nein, bislang noch nicht."

„Das ist gar nicht so schwer", beruhigt ihn Modulus. „Fangen wir mit einem einfachen Wochentagproblem an. Heute ist Dienstag, Clemens. Welcher Wochentag ist

© Springer Fachmedien Wiesbaden GmbH, ein Teil von Springer Nature 2019
S. Schindler-Tschirner und W. Schindler, *Mathematische
Geschichten II – Rekursion, Teilbarkeit und Beweise*, essentials,
https://doi.org/10.1007/978-3-658-25502-2_6

in 16 Tagen?" Clemens beginnt, leise die Wochentage aufzuzählen: „1. Tag: Mittwoch, 2. Tag: Donnerstag, 3. Tag: Freitag, …, 8. Tag: Mittwoch, 9. Tag: Donnerstag." „Moment mal", unterbricht ihn Modulus, „Donnerstag hatten wir doch schon mal. Weißt du noch, am wievielten Tag?" Clemens überlegt kurz: „Ja, am zweiten Tag." „Fällt dir etwas auf?" Clemens denkt nach, und plötzlich ist ihm klar: „Zwischen dem zweiten und neunten Tag ist genau eine Woche vergangen. Deswegen ist an beiden Tagen derselbe Wochentag." „Sehr gut, Clemens, verfolge diesen Gedanken weiter." „Oh ja, nach 16 Tagen ist eine weitere Woche vergangen, und es ist schon wieder Donnerstag." „Richtig!", sagt Modulus anerkennend, „Du hast das Prinzip entdeckt. Zur Übung noch eine Aufgabe: Welcher Wochentag ist in 70 Tagen?" Clemens denkt kurz nach: „Nach 70 Tagen sind genau 10 Wochen vergangen, also ist wieder Dienstag, wie heute."

a) Teile mit Rest:

$$16 : 7 = \quad , 9 : 7 = \quad , 2 : 7 = \quad , 70 : 7 =$$

„Fällt dir etwas auf, Clemens? Die ersten drei Aufgaben haben natürlich unterschiedliche Lösungen, aber die Zahlen 16, 9 und 2 haben dennoch eine Gemeinsamkeit: Wenn man sie durch 7 teilt, haben sie denselben Rest.

Bei unseren Wochentagsaufgaben hängt alles davon ab, welchen Rest eine Zahl ergibt, wenn man sie durch 7 teilt (7er-Rest). Aber bei anderen Aufgaben können andere Zahlen als die 7 wichtig sein."

b) Teile mit Rest:

$$16 : 5 = \quad , 11 : 5 = \quad , 9 : 5 =$$

„Nun haben 16 und 11 denselben Rest, wenn man sie durch 5 teilt (5er-Rest). Aber Vorsicht: Die Zahlen 16 und 9 haben zwar denselben 7er-Rest, aber nicht denselben 5er-Rest."

Modulus schreibt auf seine Schiefertafel (siehe Abb. 6.1):

Weitere Beispiele
$5 \equiv 2 \bmod 3$, da $5 : 3 = 1$ Rest 2
$12 \equiv 2 \bmod 10$, da …
$16 \equiv 9 \equiv 2 \bmod 7$, da …

Modulus erklärt Die Zahlen 0, 1, 2, … nennt man nichtnegative ganze Zahlen.

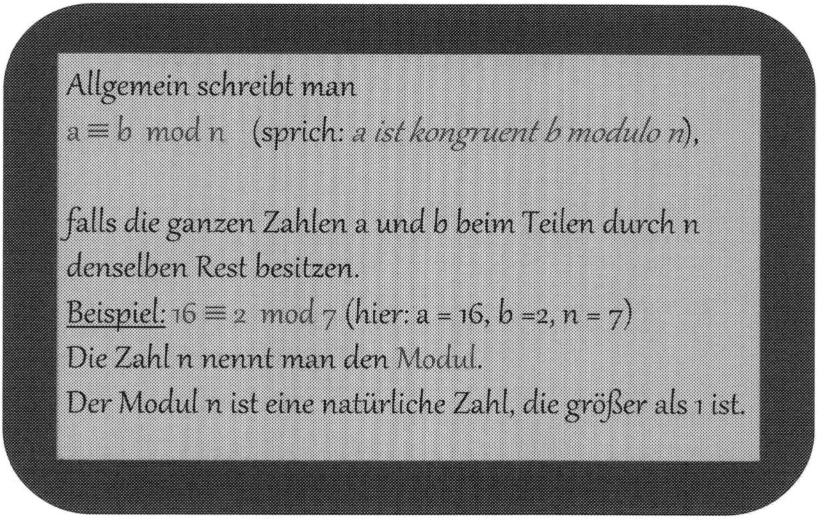

Allgemein schreibt man

$a \equiv b \bmod n$ (sprich: *a ist kongruent b modulo n*),

falls die ganzen Zahlen a und b beim Teilen durch n
denselben Rest besitzen.

Beispiel: $16 \equiv 2 \bmod 7$ (hier: $a = 16$, $b = 2$, $n = 7$)

Die Zahl n nennt man den Modul.

Der Modul n ist eine natürliche Zahl, die größer als 1 ist.

Abb. 6.1 Ein Blick auf Modulus Schiefertafel

Hier sind ein paar einfache Aufgaben, damit Ihr mit der Modulo-Rechnung vertraut werdet.

c) Bestimme jeweils die kleinste nichtnegative Zahl (0, 1, 2, …), für die die Kongruenz richtig ist. Trage den Wert rechts vom Kongruenzzeichen $\equiv$ ein.

$$22 \equiv \quad \bmod 10, \qquad 17 \equiv \quad \bmod 2, \qquad 22 \equiv \quad \bmod 15,$$
$$52 \equiv \quad \bmod 25, \qquad 17 \equiv \quad \bmod 7, \qquad 22 \equiv \quad \bmod 28.$$

d) „Clemens, es ist gerade 18 Uhr, Zeit zum Abendessen. Wie spät ist es in 26 Stunden?" Clemens denkt kurz nach und murmelt: „Ein Tag hat 24 Stunden … ." Was hat Clemens wohl damit gemeint? Nutze die Modulo-Rechnung, um die folgenden Aufgaben zu lösen.

e) Jetzt ist es 10 Uhr. Wie spät ist es in 52 h?

f) Jetzt ist es 23 Uhr. Wie spät ist es in 27 h?

Hier sind noch ein paar einfache Übungsaufgaben zur Modulo-Rechnung.

g) Finde jeweils die kleinste nichtnegative Zahl (0, 1, 2, …), für die die Kongruenz richtig ist. Trage den Wert rechts vom Kongruenzzeichen $\equiv$ ein.

$$29 \equiv \quad \bmod 24, \qquad 241 \equiv \quad \bmod 24, \qquad 59 \equiv \quad \bmod 24.$$

h) „Der 1. Januar 2019 ist ein Dienstag. Welcher Tag ist der 1. Januar 2020, Clemens?" Könnt Ihr Clemens helfen, diese Aufgabe zu lösen?

Jetzt fühlt sich Clemens gut genug vorbereitet, um Velox in einem Quizduell herauszufordern. Anfangs war Clemens noch ziemlich nervös, und Velox konnte schnell auf 2:0 davonziehen. Nach acht Fragen steht es 4:4. Die nächste Frage muss die Entscheidung bringen.

i) Der Quizmaster Winter Mauch fragt: „Der 1. Januar 2019 ist ein Dienstag. Welcher Tag ist der 1. Januar 2023?" „Samstag", ruft Velox hastig. „Diese Antwort ist falsch!", sagt Winter Mauch. „Wenn Clemens jetzt die richtige Antwort weiß, hat er gewonnen." Helft Clemens, die Zauberuhr zu gewinnen.

Anna, Bernd, Clemens und die Schüler
Clemens ist erleichtert, dass er es im letzten Moment doch noch geschafft hat, die Zauberuhr zu gewinnen. „Von Modulo-Rechnung habe ich in der Schule noch nie etwas gehört", sagt Anna, und Bernd meint: „Modulo ist echt cool."

Was ich in diesem Kapitel gelernt habe
- Ich kann ausrechnen, welcher Wochentag in genau einem Jahr sein wird.
- Ich habe die Modulorechnung kennengelernt.

Das Ratequizduell aus dem letzten Abenteuer ist für Clemens gut ausgegangen. Er bedankt sich bei Zwerg Modulus für seine Hilfe, ohne die er die begehrte Zauberuhr bestimmt nicht gewonnen hätte. Clemens sagt: „Die Modulo-Rechnung war meine Rettung. Kann man die eigentlich auch noch für andere Dinge nutzen?" „Oh ja, es gibt sogar sehr viele Anwendungen für die Modulo-Rechnung", antwortet Zwerg Modulus, „wenn es dich interessiert, zeige ich dir noch mehr von der Modulo-Rechnung. Wir beginnen mit einer nützlichen Rechenregel. Wenn du ein paar Aufgaben lösen kannst, schenke ich dir ein Mathematikbuch zur Modulo-Rechnung. Das wird dir für zukünftige Abenteuer bestimmt nützlich sein."

Modulus erklärt Rechenregel 1 zur Modulorechnung (Addition):
Aus $a \equiv a' \bmod n$ und $b \equiv b' \bmod n$ folgt $a + b \equiv a' + b' \bmod n$

Beispiel Es ist $22 \equiv 2 \bmod 10$ und $19 \equiv 9 \bmod 10$. Aus der Rechenregel 1 folgt $22 + 19 \equiv 2 + 9 \equiv 11 \equiv 1 \bmod 10$.

Modulus erklärt Diese Rechenregel gilt auch für Summen mit mehreren Summanden:

$$23 + 87 + 3 + 10 \equiv 1 + 1 + 1 + 0 \equiv 3 \equiv 1 \bmod 2$$

Man kann die Summanden also durch ihre Reste ersetzen. Dies vereinfacht die notwendigen Rechnungen ganz erheblich, weil man keine großen Zahlen mehr addieren muss.

© Springer Fachmedien Wiesbaden GmbH, ein Teil von Springer Nature 2019
S. Schindler-Tschirner und W. Schindler, *Mathematische Geschichten II – Rekursion, Teilbarkeit und Beweise*, essentials, https://doi.org/10.1007/978-3-658-25502-2_7

a) Bestimme die kleinste nichtnegative Zahl, für die die Kongruenz richtig ist.
Rechne geschickt!

$$22 + 17 \equiv \quad \mod 10, \quad 100 + 17 \equiv \quad \mod 10, \quad 31 + 17 \equiv \quad \mod 3,$$

$$7 + 2 \equiv \quad \mod 4, \quad 12 + 2 + 3 \equiv \quad \mod 2.$$

Nutze die Rechenregel 1, um die Teilaufgabe i) aus dem letzten mathematischen Abenteuer einfacher zu lösen:

b) Der 1. Januar 2019 ist ein Dienstag. Welcher Tag ist der 1. Januar 2023?

„Die Modulo-Rechnung ist echt cool", schwärmt Clemens. „Es kommt aber noch besser", erklärt Zwerg Modulus: „Was für die Addition gilt, ist auch für die Multiplikation richtig."

Modulus erklärt Rechenregel 2 zur Modulorechnung (Multiplikation):
Aus $a \equiv a'$ mod n und $b \equiv b'$ mod n folgt $a \cdot b \equiv a' \cdot b'$ mod n

c) Bestimme die kleinste nichtnegative Zahl, für die die Kongruenz richtig ist.
Rechne geschickt!

$$2 \cdot 22 \equiv \quad \mod 7, \quad 10 \cdot 17 \equiv \quad \mod 3, \quad 31 \cdot 17 \equiv \quad \mod 31.$$

Hier ist der Rechenvorteil sogar noch größer, weil das Multiplizieren großer Zahlen aufwendiger ist als deren Addition.

d) Bestimme die kleinste nichtnegative Zahl, für die die Kongruenz richtig ist.
Rechne geschickt!

$$10 \equiv \quad \mod 3, \quad 100 \equiv \quad \mod 3, \quad 1000 \equiv \quad \mod 3,$$

$$10 \equiv \quad \mod 9, \quad 100 \equiv \quad \mod 9, \quad 1000 \equiv \quad \mod 9.$$

e) Bestimme die kleinste nichtnegative Zahl, für die die Kongruenz richtig ist.
Rechne geschickt! Verwende Teilaufgabe d) und die Rechenregel 2.

$$3000 \equiv \quad \mod 9, \quad 200 \equiv \quad \mod 9, \quad 40 \equiv \quad \mod 9.$$

f) Bestimme den 9er-Rest der Zahl 3246. Rechne geschickt.
Tipp: Stelle 3246 in Tausendern, Hundertern, Zehnern und Einern dar und nutze die Ergebnisse aus Teilaufgabe e).

g) Ist die Zahl 3564 durch 9 teilbar?

„Fällt dir etwas auf, Clemens?", fragt Zwerg Modulus. Clemens denkt ein wenig nach und ruft aus: „Das ist ja total interessant! Die beiden Zahlen haben dieselben 9er-Reste wie die Summe ihrer Ziffern."

Modulus erklärt Die Summe der Ziffern einer Zahl nennt man die Quersumme dieser Zahl.

Beispiel Die Quersumme von 5234 ist $5+2+3+4=14$.

„Was du an den beiden Beispielen beobachtet hast, gilt übrigens ganz allgemein", bemerkt Zwerg Modulus ein bisschen stolz.

Modulus erklärt Der 9er-Rest einer Zahl entspricht dem 9er-Rest ihrer Quersumme. Das gleiche gilt für den 3er-Rest, aber für andere Reste trifft das normalerweise nicht zu.

„Diese total interessante Aussage kann man übrigens auch mit der Modulorechnung beweisen", sagt Modulus.

h) Können die folgenden Ergebnisse richtig sein? Prüfe dies nach, ohne die Multiplikationsergebnisse wirklich auszuführen. Betrachte stattdessen die 9er-Reste.

$$34 \cdot 54 = 1736, \qquad 27 \cdot 44 = 1178, \qquad 24 \cdot 19 = 456, \qquad 37 \cdot 41 = 1508.$$

Anna, Bernd, Clemens und die Schüler
Clemens ist sehr glücklich. Er hat alle mathematischen Abenteuer erfolgreich bestanden und dabei viele nützliche Zauberutensilien und nicht zuletzt ein Mathematikbuch zur Modulo-Rechnung gewonnen. Aus dem Zauberlehrling Clemens ist zwar noch kein richtiger Zauberer geworden, aber immerhin schon ein respektabler Zaubergeselle[1].

Der Klubvorsitzende Carl Friedrich empfängt Anna und Bernd freundlich und überreicht Ihnen ihre Mitgliedsausweise: „Willkommen im CBJMM! Ich gratuliere euch ganz herzlich, Anna und Bernd. Das war super! Ich muss zugeben, dass ich das anfangs nicht erwartet habe." Anna und Bernd strahlen: „Wir haben sehr viel Mathematik gelernt und gut zusammengearbeitet. Das hat echt Spaß gemacht!" Anna meint: „Mich hat überrascht, dass Mathematik nicht nur aus Rechnen besteht und dass man so kreativ sein muss." Bernd stellt fest: „Wir haben viele Aussagen bewiesen. Beweise kannten wir vorher gar nicht."

---

[1]Ein Zaubergeselle ist die erste Stufe, die ein Zauberlehrling auf dem Weg zum Zauberer erklimmen muss.

Was ich in diesem Kapitel gelernt habe
- Ich habe noch einmal mit Resten gerechnet.
- Ich kenne jetzt auch Rechenregeln für die Modulorechnung.
- Mit diesen Rechenregeln wird das Rechnen viel einfacher.

Es bleibt dem Kursleiter überlassen, ob er den Teilnehmern der AG zum Abschluss Mitgliedsausweise für den CBJMM ausstellen möchte (Abb. 7.1).

Abb. 7.1 Wappen des
CBJMM

Teil II enthält ausführliche Musterlösungen zu den Aufgaben aus Teil I. Die Zielgruppe sind Leiter(innen) von Begabten-AGs für Grundschüler, Lehrer und Eltern (aber nicht die Schüler). In der Regel macht dies kaum einen Unterschied; nur an einigen Stellen wird differenziert. Um umständliche Formulierungen zu vermeiden, wird im Folgenden dort normalerweise nur der „Kursleiter" angesprochen. Tab. II.1 zeigt die wichtigsten mathematischen Techniken, die in den einzelnen Kapiteln zur Anwendung kommen.

Tab. II.1 Übersicht

Kapitel	Mathematische Techniken	Ausblicke
Kap. 2	Gaußsche Summenformel (Beweis und Anwendungen)	Mathematik in der Oberstufe und Mathematikwettbewerbe, historisch: Carl Friedrich Gauß
Kap. 3	Realweltproblem (Bezahlproblem), schrittweises Zurückführen auf kleinere Probleme, Rekursionsformel	Mathematik (Fibonaccifolge) und Informatik (rekursive Funktionen)
Kap. 4	Primfaktorzerlegung, Teiler, mathematischer Beweis	Mathematikunterricht in der Unterstufe
Kap. 5	(Fortsetzung von Kap. 4) Primfaktorzerlegung, Anzahl von Teilern, Kombinatorik	Mathematikwettbewerbe
Kap. 6	Modulorechnung mit Anwendungen (Berechnung von Uhrzeiten und Wochentagen)	
Kap. 7	Modulorechnung (Rechenregeln), Teilbarkeitsregeln für 3 und 9, mathematischer Beweis, Neunerprobe	einfacher Beweis einer Oberstufenaufgabe der Mathematikolympiade, Kryptografie

Wichtigste mathematische Techniken und Ausblicke

In den Musterlösungen werden auch die mathematischen Ziele der einzelnen Kapitel erläutert, und es werden Ausblicke gegeben, wo die erlernten mathematischen Techniken noch Einsatz finden. Es kann den Kindern zusätzliche Motivation und Selbstvertrauen geben, wenn sie erfahren, dass man mit den erlernten Techniken sehr fortgeschrittene Aufgaben lösen kann (vgl. hierzu auch das Vorwort von (Amann 2017)).

Am Ende jedes Aufgabenkapitels findet man eine Zusammenstellung „Was ich in diesem Kapitel gelernt habe". Dies ist ein Pendant zu Tab. II.1, allerdings in schülergerechter Sprache. Der Kursleiter kann die Lernerfolge mit den Teilnehmern gemeinsam erarbeiten. Dies kann beim folgenden Kurstreffen geschehen, um das letzte Kapitel noch einmal zu rekapitulieren.

Musterlösung zu Kapitel 2

Anders als in Band I (Schindler-Tschirner und Schindler 2019) wird in diesem Band „gerechnet". Die Kinder befinden sich also auf gewohntem Terrain. Der Kursleiter sollte dies nutzen, um gerade die Kinder zu ermutigen und zu motivieren, die mit den für sie noch ungewohnten Überlegungen und Schlussweisen aus dem ersten Band Schwierigkeiten hatten. Die ersten beiden Teilaufgaben sind relativ einfach. Der Kursleiter sollte darauf achten, dass diese möglichst von leistungsschwächeren Teilnehmern vorgerechnet werden.

a) Ein Zauberer findet auf der obersten Stufe Platz. Es müssen also noch Plätze für sechs weitere Zauberer geschaffen werden. Für jeweils zwei Zauberer benötigt man eine neue Steinreihe. Insgesamt benötigt man also $1 + (6:2) = 1 + 3 = 4$ Steinreihen.

b) Die oberste Reihe besteht aus einem einzigen Zauberstein, und jede weitere Reihe benötigt jeweils einen Stein mehr als die darüber liegende Reihe. Also benötigt man für dieses Podest insgesamt $1 + 2 + 3 + 4 = 10$ Zaubersteine.

c) Die Überlegungen verlaufen völlig analog zu den Teilaufgaben a) und b). Benötigt werden $1 + (22:2) = 1 + 11 = 12$ Steinreihen und $1 + 2 + \ldots + 12 = 78$ Zaubersteine.

d) Benötigt werden $1 + (38:2) = 1 + 19 = 20$ Steinreihen. Clemens muss also die Summe $1 + 2 + \ldots + 20$ berechnen. Die Zahlen zu addieren, ist ihm zu mühsam. Deshalb sucht er nach einem effizienteren Verfahren.

e) Die Anwendung der Formeln aus Abb. 2.2 auf die Teilaufgaben b) und c) ergibt die bereits bekannten Lösungen: $(4 \cdot 5):2 = 20:2 = 10$ und $(12 \cdot 13):2 = 156:2 = 78$.

S. Schindler-Tschirner und W. Schindler, *Mathematische Geschichten II – Rekursion, Teilbarkeit und Beweise*, essentials, https://doi.org/10.1007/978-3-658-25502-2_8

f) **Beobachtung** Bei allen Formeln sind die rechten Seiten von folgender Gestalt: ((größter Summand) · (größter Summand + 1)) : 2. Also ist zu vermuten, dass unter dem Klecks „(20 · 21) : 2" steht.

g) Wenn die Vermutung richtig ist, werden $(20 \cdot 21) : 2 = 420 : 2 = 210$ Zaubersteine benötigt. Diese Teilaufgabe sollte den Kindern wenig Mühe bereiten.

h) Teilaufgabe h) soll „Berührungsängste" mit Variablen abbauen. Formel Gl. 2.1 bestätigt die Ergebnisse aus b), c) und g), indem man für n die Zahlen 4, 12 und 20 einsetzt.

i) **Didaktische Anregung** Es ist nicht zu erwarten, dass Grundschüler die Gaußsche Summenformel selbstständig beweisen können. Daher sollte der Kursleiter gemeinsam mit den Schülern den Beweis erarbeiten.

Für Schüler ist der Beweis von Formel Gl. 2.1 mit Buchstaben im ersten Moment möglicherweise zu abstrakt. Daher sollte die Beweisidee zunächst an einem konkreten Zahlenbeispiel illustriert werden, z. B. für $n = 4$. Dazu schreiben wir die Summe $1 + 2 + 3 + 4$ gleich zwei Mal hin, ordnen einige Summanden um und fassen jeweils zwei Summanden mit einer Klammer zusammen:

$$1 + 2 + 3 + 4 + 1 + 2 + 3 + 4 = 1 + 4 + 2 + 3 + 3 + 2 + 4 + 1$$
$$= (1 + 4) + (2 + 3) + (3 + 2) + (4 + 1).$$

Wenn man die zweiten Summanden in den Klammern betrachtet, erkennt man die Zahlen von 1 bis 4 in umgekehrter Reihenfolge. Jede der vier Klammern ergibt den Wert 5, und alle Klammern zusammen ergeben $5 + 5 + 5 + 5 = 4 \cdot 5$. Allerdings haben wir das Doppelte von $1 + 2 + 3 + 4$ berechnet. Also müssen wir das Ergebnis durch 2 teilen und erhalten schließlich

$$1 + 2 + 3 + 4 = (4 \cdot 5) : 2 = 10.$$

Abb. 8.1 zeigt eine bekannte geometrische Illustration des Umsortierens und Zusammenfassens von jeweils zwei Summanden für $n = 4$. (Dreht man die eine „Treppe" um, ergänzen sich die „Treppenstufen" zu einem Rechteck. Die horizontalen Reihen entsprechen den Klammerausdrücken.)

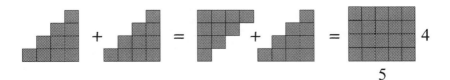

Abb. 8.1 Bildhafter Beweis der Gaußschen Summenformel für $n = 4$

Abhängig davon, wie gut die Schüler den Beweis für den Spezialfall $n = 4$ verstanden haben, kann der Kursleiter gemeinsam mit den Schülern den Beweis noch einmal für $n = 7$ durchführen, bevor die Formel für beliebiges n bewiesen wird.

Beweis Wie beim Spezialfall $n = 4$ schreiben wir die linke Seite der Gl. 2.1 zwei Mal hin, ordnen die Summanden um und fassen jeweils zwei Summanden mit einer Klammer zusammen. Die rechten Summanden in den Klammern lauten $n, n-1, \ldots, 1$.

$$1 + 2 + \ldots + n + 1 + 2 + \ldots + n = 1 + n + 2 + (n-1) + \ldots + (n-1) + 1 + n + 1$$

$$= (1 + n) + (2 + (n-1)) + \ldots + ((n-1) + 1) + (n+1)$$

$$= (n+1) + \ldots + (n+1) \tag{8.1}$$

Jede Klammer hat den Wert $n+1$, und es gibt genau n Klammern. (Für $n = 4$ beträgt der Wert der einzelnen Klammern $4 + 1 = 5$.) Zählt man alle Klammern zusammen, ergibt dies $n \cdot (n+1)$. Allerdings haben wir die Summe $1 + \ldots + n$ zwei Mal zusammengezählt. Somit ist

$$1 + 2 + \ldots + n = (n \cdot (n+1)) : 2,$$

was zu beweisen war.

Didaktische Anregung Abhängig von der Leistungsstärke des Kurses kann der allgemeine Beweis ausgelassen werden. Allerdings sollten die Schüler die Gaußsche Summenformel zumindest anwenden können.

j) $1 + 2 + \ldots + 30 = (30 \cdot 31) : 2 = 930 : 2 = 465$

k) $1 + 2 + \ldots + 55 = (55 \cdot 56) : 2 = 3080 : 2 = 1540$

l) $1 + 2 + \ldots + 100 = (100 \cdot 101) : 2 = 10100 : 2 = 5050$

m) Diese Teilaufgabe ist etwas schwieriger, da man Gl. 2.1 nicht direkt anwenden kann. Daher wenden wir einen Trick an, der in der Mathematik häufig vorkommt: Wir zählen etwas hinzu, um es gleich wieder abzuziehen. Das ändert die Summe nicht, aber dafür können wir dann unsere Formel anwenden.

$$3 + 4 + \ldots + 39 = 1 + 2 + 3 + 4 + \ldots + 39 - 1 - 2 = (39 \cdot 40) :$$
$$2 - 3 = 1560 : 2 - 3 = 780 - 3 = 777.$$

Mathematische Ziele und Ausblicke

Das Ziel von Kap. 2 ist, die Gaußsche Summenformel zu beweisen und an Beispielen anzuwenden und einzuüben. Auch Schüler, die nicht zum Beweis der Formel beitragen können, sollten durch das Berechnen von einfachen Summen und das korrekte Anwenden der Formel Erfolgserlebnisse haben.

Die Formel $1 + 2 + \ldots + n = (n \cdot (n + 1)) : 2$ geht auf einen der größten deutschen Mathematiker, Carl Friedrich Gauß (1777–1855), zurück. Gauß war auch Astronom, Geodät und Physiker; siehe z. B. Mania (2018). Aufgrund seiner überragenden wissenschaftlichen Leistungen bezeichnete man ihn schon zu seinen Lebzeiten als Princeps Mathematicorum (lat.: Fürst der Mathematiker). Als Neunjähriger erhielt er von seinem Lehrer die Aufgabe, die Zahlen 1 bis 100 zusammenzuzählen. Dabei entdeckte der junge Gauß diese Formel.

Die Gaußsche Summenformel wird normalerweise in der gymnasialen Oberstufe behandelt. Sie ist fundamental und wird in verschiedensten Gebieten der Mathematik benötigt. Sie ist auch zum Lösen von Mathematikwettbewerbsaufgaben für höhere Jahrgangsstufen nützlich. Beispielsweise wird die Gaußsche Summenformel in Aufgabe 540636 (Landesrunde, Klassenstufe 6) aus der 54. Mathematikolympiade (Mathematik-Olympiaden e. V. 2015) für einen Zwischenschritt benötigt.

Musterlösung zu Kapitel 3

9

Der Übersichtlichkeit halber werden die Münzbeträge eingeklammert. An der Tafel oder in den Heften der Schüler können die Münzbeträge einfach umkreist werden. Dann können „ZC" und die Unterstreichung der Münzwerte weggelassen werden, und auch das Einklammern ist dann nicht mehr notwendig.

Die beiden ersten Teilaufgaben sind ziemlich einfach und dienen als Einstieg. Sie sollten daher möglichst von leistungsschwächeren Schülern bearbeitet und vorgerechnet werden.

a) Es gibt 5 Möglichkeiten, 8 ZC mit ($\underline{1}$-ZC) und ($\underline{2}$-ZC)-Münzen zu bezahlen:

$$0 \cdot (\underline{2}\text{-ZC}) + 8 \cdot (\underline{1}\text{-ZC}), \; 1 \cdot (\underline{2}\text{-ZC}) + 6 \cdot (\underline{1}\text{-ZC}), \; 2 \cdot (\underline{2}\text{-ZC}) + 4 \cdot (\underline{1}\text{-ZC}),$$

$$3 \cdot (\underline{2}\text{-ZC}) + 2 \cdot (\underline{1}\text{-ZC}), \; 4 \cdot (\underline{2}\text{-ZC}) + 0 \cdot (\underline{1}\text{-ZC}).$$

b) Man kann 13 ZC auf 7 Arten bezahlen:

$$0 \cdot (\underline{2}\text{-ZC}) + 13 \cdot (\underline{1}\text{-ZC}), \; 1 \cdot (\underline{2}\text{-ZC}) + 11 \cdot (\underline{1}\text{-ZC}), \; 2 \cdot (\underline{2}\text{-ZC}) + 9 \cdot (\underline{1}\text{-ZC}),$$

$$3 \cdot (\underline{2}\text{-ZC}) + 7 \cdot (\underline{1}\text{-ZC}), \; 4 \cdot (\underline{2}\text{-ZC}) + 5 \cdot (\underline{1}\text{-ZC}), \; 5 \cdot (\underline{2}\text{-ZC}) + 3 \cdot (\underline{1}\text{-ZC}),$$

$$6 \cdot (\underline{2}\text{-ZC}) + 1 \cdot (\underline{1}\text{-ZC}).$$

© Springer Fachmedien Wiesbaden GmbH, ein Teil von Springer Nature 2019
S. Schindler-Tschirner und W. Schindler, *Mathematische
Geschichten II – Rekursion, Teilbarkeit und Beweise*, essentials,
https://doi.org/10.1007/978-3-658-25502-2_9

Es gibt 11 Möglichkeiten, um 21 ZC zu bezahlen, und zwar

$0 \cdot (\underline{2}\text{-ZC}) + 21 \cdot (\underline{1}\text{-ZC})$, $1 \cdot (\underline{2}\text{-ZC}) + 19 \cdot (\underline{1}\text{-ZC})$, $2 \cdot (\underline{2}\text{-ZC}) + 17 \cdot (\underline{1}\text{-ZC})$,

$3 \cdot (\underline{2}\text{-ZC}) + 15 \cdot (\underline{1}\text{-ZC})$, $4 \cdot (\underline{2}\text{-ZC}) + 13 \cdot (\underline{1}\text{-ZC})$, $5 \cdot (\underline{2}\text{-ZC}) + 11 \cdot (\underline{1}\text{-ZC})$,

$6 \cdot (\underline{2}\text{-ZC}) + 9 \cdot (\underline{1}\text{-ZC})$, $7 \cdot (\underline{2}\text{-ZC}) + 7 \cdot (\underline{1}\text{-ZC})$, $8 \cdot (\underline{2}\text{-ZC}) + 5 \cdot (\underline{1}\text{-ZC})$,

$9 \cdot (\underline{2}\text{-ZC}) + 3 \cdot (\underline{1}\text{-ZC})$, $10 \cdot (\underline{2}\text{-ZC}) + 1 \cdot (\underline{1}\text{-ZC})$.

c) **Didaktische Anregung** Zur Bearbeitung von Aufgabenteil c) sollte noch einmal auf a) und b) eingegangen werden. Sofern nicht schon geschehen, sollten die Bezahlmöglichkeiten wie in der Musterlösung systematisch sortiert werden. Hierfür empfiehlt es sich, nicht verwendete Münzen als „$0 \cdot (\underline{1}\text{-ZC})$" oder „$0 \cdot (\underline{2}\text{-ZC})$" aufzuführen, auch wenn dies aus mathematischer Sicht natürlich überflüssig ist. Die Schüler sollten dahin geführt werden, dass sie erkennen, dass die Anzahl der ($\underline{2}$-ZC)-Münzen die Anzahl der ($\underline{1}$-ZC)-Münzen eindeutig bestimmt. Also ist eine Bezahlmöglichkeit bereits durch die Anzahl der ($\underline{2}$-ZC)-Münzen eindeutig festgelegt.

Sei nun n eine gerade Zahl. Dann kann man höchstens (n : 2) viele ($\underline{2}$-ZC)-Münzen verwenden, da damit ja schon der ganze Betrag bezahlt ist. Also kann man 0, 1, 2, … oder (n : 2) viele ($\underline{2}$-ZC)-Münzen verwenden. Das sind genau (n : 2) + 1 Möglichkeiten.

Ist n ungerade, können wir höchstens $(n - 1) : 2$ viele ($\underline{2}$-ZC)-Münzen verwenden, da dann nur noch 1 ZC übrig bleibt. Also kann man 0, 1, 2, … oder $(n - 1) : 2$ viele ($\underline{2}$-ZC)-Münzen verwenden. Das sind genau $((n - 1) : 2) + 1$ Möglichkeiten. Also sind

$$A(n|\underline{1},\underline{2}) = (n : 2) + 1 \text{ für gerades n} \qquad (9.1)$$

$$A(n|\underline{1},\underline{2}) = ((n-1) : 2) + 1 \text{ für ungerades n.} \qquad (9.2)$$

d) Es ist $A(8|\underline{1},\underline{2}) = (8 : 2) + 1 = 4 + 1 = 5$, $A(13|\underline{1},\underline{2}) = ((13-1) : 2) + 1$
$= 6 + 1 = 7$ und $A(21|\underline{1},\underline{2}) = ((21-1) : 2) + 1 = 10 + 1 = 11$.

e) Es ist $A(72|\underline{1},\underline{2}) = (72 : 2) + 1 = 36 + 1 = 37$ und $A(53|\underline{1},\underline{2}) = (53-1) : 2$
$+1 = 52 : 2 + 1 = 26 + 1 = 27$.

f) wird in h) gelöst

g) Wenn Clemens zwei ($\underline{5}$-ZC)-Münzen verwendet, bleiben noch 11 ZC übrig, die er mit ($\underline{1}$-ZC)- und ($\underline{2}$-ZC)-Münzen bezahlen kann. Wir wissen aber schon, dass es hierfür $A(11|\underline{1},\underline{2}) = ((11-1):2)+1 = 6$ Möglichkeiten gibt. Verwendet Clemens drei ($\underline{5}$-ZC)-Münzen, bleiben noch 6 ZC übrig, wofür es $A(6|\underline{1},\underline{2}) = (6:2)+1 = 4$ Möglichkeiten gibt.

h) Um 21 ZC zu bezahlen, kann Clemens 0, 1, 2, 3 oder 4 ($\underline{5}$-ZC)-Münzen verwenden. Dann bleiben noch 21 ZC, 16 ZC, 11 ZC, 6 ZC bzw. 1 ZC übrig, die mit ($\underline{1}$-ZC) und ($\underline{2}$-ZC)-Münzen bezahlt werden müssen. Die Summanden in der Rekursionsformel Gl. 3.1 geben an, auf wie viele Arten dies möglich ist. Mit Gl. 9.1 und Gl. 9.2 erhält man

$$A(21|\underline{1},\underline{2},\underline{5}) = A(21|\underline{1},\underline{2}) + A(16|\underline{1},\underline{2}) + A(11|\underline{1},\underline{2}) + A(6|\underline{1},\underline{2}) + A(1|\underline{1},\underline{2})$$

$$= ((21-1):2)+1 + (16:2)+1 + ((11-1):2)+1 + (6:2) \qquad (9.3)$$
$$+ 1 + ((1-1):2)+1$$
$$= 10+1+8+1+5+1+3+1+0+1 = 31.$$

Es gibt also genau 31 Möglichkeiten, 21 ZC mit ($\underline{1}$-ZC), ($\underline{2}$-ZC) und ($\underline{5}$-ZC)-Münzen zu bezahlen. Um die Lesbarkeit zu erhöhen, wurden in Gl. 9.3 und in weiteren Gleichungen einige Klammern gesetzt, die eigentlich entbehrlich sind. Außerdem wird damit die Punkt vor Strich-Rechenregel umgangen, die die Grundschüler noch nicht kennen.

i) Um 19 ZC zu bezahlen, kann man 0, 1, 2 oder 3 ($\underline{5}$-ZC)-Münzen verwenden. Analog zu h) erhält man

$$A(19|\underline{1},\underline{2},\underline{5}) = A(19|\underline{1},\underline{2}) + A(14|\underline{1},\underline{2}) + A(9|\underline{1},\underline{2}) + A(4|\underline{1},\underline{2})$$

$$= ((19-1):2)+1 + (14:2)+1 + ((9-1):2) \qquad (9.4)$$
$$+ 1 + (4:2)+1$$
$$= 9+1+7+1+4+1+2+1 = 26.$$

Es gibt also 26 Möglichkeiten, 19 ZC mit ($\underline{1}$-ZC), ($\underline{2}$-ZC) und ($\underline{5}$-ZC)-Münzen zu bezahlen.

j) Diese Teilaufgabe ist noch einmal komplizierter, weil jetzt mit vier anstatt nur mit drei unterschiedlichen Münzen bezahlt werden kann. Mit derselben Idee, mit der Clemens die Formel Gl. 3.1 hergeleitet hat, erhält man die Rekursionsformel

$$A(21|\underline{1},\underline{2},\underline{5},\underline{10}) = A(21|\underline{1},\underline{2},\underline{5}) + A(11|\underline{1},\underline{2},\underline{5}) + A(1|\underline{1},\underline{2},\underline{5}), \qquad (9.5)$$

weil man 0, 1 oder 2 ($\underline{10}$-ZC)-Münzen verwenden kann. Es bleiben dann noch 21 ZC, 11 ZC bzw. 1 ZC übrig, die mit ($\underline{1}$-ZC), ($\underline{2}$-ZC) und ($\underline{5}$-ZC)-Münzen bezahlt werden müssen. Dies erklärt die Gl. 9.5. Aus h) wissen wir bereits, dass $A(21|\underline{1},2,\underline{5}) = 31$ ist. Die Terme $A(11|\underline{1},2,\underline{5})$ und $A(1|\underline{1},2,\underline{5})$ werden so vereinfacht, wie wir das aus h) bereits kennen. So erhält man

$$A(21|\underline{1},2,\underline{5},\underline{10}) = 31 + A(11|\underline{1},2) + A(6|\underline{1},2) + A(1|\underline{1},2) + A(1|\underline{1},2)$$

$$= 31 + ((11 - 1) : 2) + 1 + (6 : 2) + 1 + ((1-1) : 2) + 1 + ((1 - 1) : 2) + 1$$

$$= 31 + 5 + 1 + 3 + 1 + 0 + 1 + 0 + 1 = 43. \tag{9.6}$$

Es gibt also 43 Möglichkeiten, 21 ZC mit ($\underline{1}$-ZC), ($\underline{2}$-ZC), ($\underline{5}$-ZC) und ($\underline{10}$-ZC)-Münzen zu bezahlen.

k) Hierfür kann es natürlich keine Musterlösung geben.

Didaktische Anregung In k) kann jeder Schüler den Schwierigkeitsgrad selbst festlegen. Der Kursleiter kann dabei unterstützen. Leistungsschwächere Schüler sollten nur ($\underline{1}$-ZC) und ($\underline{2}$-ZC)-Münzen berücksichtigen. Je nach Leistungsfähigkeit der Kursteilnehmer kann der Kursleiter die Aufgaben j) und k) weglassen.

Mathematische Ziele und Ausblicke
Die Schüler lernen, wie man eine Rekursionsformel herleitet, um eine komplizierte mathematische Aufgabe auf einfachere Teilaufgaben zurückzuführen und schließlich zu lösen. Das Zurückführen auf einfachere Probleme haben die Schüler schon in Band I (Schindler-Tschirner und Schindler 2019) bei Spielen und Worträtseln kennengelernt.

Rekursionsformeln treten in der Mathematik (etwa zur Definition der Fibonaccifolge, vgl. z. B. Schiemann und Wöstenfeld (2017, S. 101 f.) und der Informatik (z. B. rekursive Funktionen) in unterschiedlichen Kontexten auf; vgl. z. B. Kreß (2004).

Musterlösung zu Kapitel 4

In diesem Kapitel werden mehrere Begriffe eingeführt (Teiler, Primzahl, Primzahlzerlegung, Quadratzahl). Auch wenn zumindest „Teiler" und „Primzahlzerlegung" intuitiv sind und Primzahlen bei einem Teil der Schüler vermutlich schon bekannt sind, sollte den Schülern genügend Zeit eingeräumt werden, sich mit den Begriffen vertraut zu machen.

a) Der Aufgabenteil a) ist einfach zu verstehen. Er dient dazu, die Kinder mit der Definition eines Teilers vertraut zu machen.

   Didaktische Anregung Um an dieser Stelle weder zu viel Zeit zu benötigen noch um Langeweile aufkommen zu lassen, können die Kinder in zwei oder drei Gruppen aufgeteilt werden, wobei jede Gruppe selbstständig die Teiler von einigen Zahlen zwischen 1 und 30 bestimmt; bei zwei Gruppen z. B. für den Zahlbereich 1 bis 15 oder für 16 bis 30; bei drei Gruppen z. B. für 1 bis 10, 11 bis 20 oder 21 bis 30. Dies schafft erste Erfolgserlebnisse. Anschließend können die Kinder ihre Lösungen an der Tafel präsentieren. Im Einzelunterricht übernimmt der Lehrende selbst einige Zahlen. Hier empfiehlt es sich, „interessantere" Zahlenmengen zu bilden, z. B. $\{1, 2, 6, 9,\ldots,29\}$ und die übrigen Zahlen, damit das gegenseitige Präsentieren der Lösungen für das Kind nicht zu langweilig wird. (Das ist natürlich auch eine Option für Schülergruppen.)

   Nachfolgend sind ohne weiteren Kommentar die Teiler der Zahlen 1 bis 30 angegeben. Um Schreibarbeit zu sparen, bezeichnet T(n) die Menge aller Teiler von n. Die Mengenschreibweise kann umgangen werden, indem man die Teiler z. B. in eine zweispaltige Tabelle einträgt, wobei in der linken Spalte die Zahl und in der rechten Spalte deren Teiler stehen.

© Springer Fachmedien Wiesbaden GmbH, ein Teil von Springer Nature 2019
S. Schindler-Tschirner und W. Schindler, *Mathematische
Geschichten II – Rekursion, Teilbarkeit und Beweise,* essentials,
https://doi.org/10.1007/978-3-658-25502-2_10

$T(1) = \{1\}$, $T(2) = \{1,2\}$, $T(3) = \{1,3\}$, $T(4) = \{1,2,4\}$, $T(5) = \{1,5\}$,

$T(6) = \{1,2,3,6\}$, $T(7) = \{1,7\}$, $T(8) = \{1,2,4,8\}$, $T(9) = \{1,3,9\}$,

$T(10) = \{1,2,5,10\}$, $T(11) = \{1,11\}$, $T(12) = \{1,2,3,4,6,12\}$,

$T(13) = \{1,13\}$, $T(14) = \{1,2,7,14\}$, $T(15) = \{1,3,5,15\}$,

$T(16) = \{1,2,4,8,16\}$, $T(17) = \{1,17\}$, $T(18) = \{1,2,3,6,9,18\}$,

$T(19) = \{1,19\}$, $T(20) = \{1,2,4,5,10,20\}$, $T(21) = \{1,3,7,21\}$,

$T(22) = \{1,2,11,22\}$, $T(23) = \{1,23\}$, $T(24) = \{1,2,3,4,6,8,12,24\}$,

$T(25) = \{1,5,25\}$, $T(26) = \{1,2,13,26\}$, $T(27) = \{1,3,9,27\}$,

$T(28) = \{1,2,4,7,14,28\}$, $T(29) = \{1,29\}$, $T(30) = \{1,2,3,5,6,10,15,30\}$.

b) Die Zahl 1 hat nur einen Teiler. Die Zahlen 24 und 30 besitzen die meisten Teiler, nämlich 8. Genau zwei Teiler haben die Zahlen 2, 3, 5, 7, 11, 13, 17, 19, 23 und 29.

c) Die Viertklässler sollten Primzahlen aus dem Schulunterricht kennen. Die Teilaufgaben c) und d) dienen dazu, Schülern Primzahlen wieder in Erinnerung zu rufen bzw. mit ihnen erstmals vertraut zu machen.

Daher sollte den Teilaufgaben c) und d) durchaus einige Zeit eingeräumt werden. Für c) kann es natürlich keine Musterlösung geben. Die Primzahlen zwischen 1 und 100 lauten: 2, 3, 5, 7, 11, 13, 17, 19, 23, 29, 31, 37, 41, 43, 47, 53, 59, 61, 67, 71, 73, 79, 83, 89, 93, 97.

d) Primzahlen sind 7, 41 und 83. Die anderen Zahlen sind keine Primzahlen: $14 = 2 \cdot 7$, $51 = 3 \cdot 17$, $72 = 8 \cdot 9$ (oder $2 \cdot 36$ oder $3 \cdot 24$ usw.), $100 = 10 \cdot 10$.

e) Nutzt man die Vorarbeiten aus a) und b), muss man nicht mehr rechnen: Die Zahlen 2, 3, 5, 7, 11, 13, 17, 19, 23 und 29 sind die Primzahlen zwischen 1 und 30. Aus der Definition einer Primzahl (nur durch 1 und sich selbst teilbar) folgt ja, dass die Primzahlen diejenigen Zahlen mit (genau) zwei Teilern sind.

f) $2 = 2$, $3 = 3$, $4 = 2^2$, $5 = 5$, $6 = 2 \cdot 3$, $7 = 7$, $8 = 2^3$, $9 = 3^2$, $10 = 2 \cdot 5$, $11 = 11$, $12 = 2^2 \cdot 3$, $13 = 13$, $14 = 2 \cdot 7$, $15 = 3 \cdot 5$.

Hinweis Natürlich ist $4 = 2 \cdot 2$ usw. ebenfalls korrekt. Die Potenzschreibweise wird im nächsten Kapitel erklärt, um dieses Kapitel nicht durch zu viele Erklärungen (Definitionen) zu überlasten. Selbstverständlich kann die Potenzschreibweise auch schon in diesem Kapitel verwendet werden.

Hinweis Der Kursleiter sollte unbedingt darauf hinweisen, dass die Primfaktoren schrittweise bestimmt werden können.

Beispiel $12 = 2 \cdot 6 = 2 \cdot 2 \cdot 3$.

g) $16 = 2^4$, $17 = 17$, $18 = 2 \cdot 3^2$, $19 = 19$, $20 = 2^2 \cdot 5$, $21 = 3 \cdot 7$,
$22 = 2 \cdot 11$, $23 = 23$, $24 = 2^3 \cdot 3$, $25 = 5^2$, $26 = 2 \cdot 13$, $27 = 3^3$,
$28 = 2^2 \cdot 7$, $29 = 29$, $30 = 2 \cdot 3 \cdot 5$.

h) Von den Zahlen 1 bis 30 besitzen nur 1, 4, 9, 16 und 25 eine ungerade Anzahl von Teilern. Dies sind genau die Quadratzahlen, die nicht größer als 30 sind.

i) Aus h) ergibt sich die Vermutung, dass von den Zahlen bis 200 nur die Quadratzahlen, also 1, 4, 9, 16, 25, 36, 49, 64, 81, 100, 121, 144, 169 und 196, eine ungerade Anzahl von Teilern besitzen. Diese Vermutung kann von den Schülern für einzelne Zahlen stichprobenhaft überprüft werden.

j) In dieser Teilaufgabe beweisen wir die Vermutung über die Quadratzahlen aus Teilaufgabe i). Der Beweis verwendet nur einfache mathematische Hilfsmittel, ist aber erfahrungsgemäß zumindest für Drittklässler nicht einfach zu verstehen. Der Lehrende kann diese Teilaufgabe unter Berücksichtigung der Leistungsstärke des Kurses auch weglassen.

Vorbemerkung Die Beweisidee erinnert an Kindergartenkinder, die sich (was zumindest früher üblich war) in Zweierreihen aufstellen, wobei die Kinder, die in derselben Reihe stehen, sich an die Hand nehmen. Ist die Anzahl der Kinder ungerade, steht in einer Reihe nur ein einzelnes Kind. Andernfalls sind alle Reihen mit jeweils zwei Kindern besetzt.

Beweis Es sei n eine natürliche Zahl und a ein Teiler von n. Dann gibt es eine natürliche Zahl b, für die $n = a \cdot b$ gilt, und zwar ist $b = n : a$ (Beispiel: $n = 10$, $a = 2$. Hier ist $b = 10 : 2 = 5$.) Die Zahl b ist ebenfalls ein Teiler von n. Für den Moment bezeichnen wir die Zahl b als den „Partner" der Zahl a. Dann ist aber auch a der (einzige) „Partner" von b.

Wären a und b Kindergartenkinder, stünden sie in derselben Reihe. Auf diese Weise können wir jedem Teiler von n einen eindeutig bestimmten Partner zuordnen, und kein Teiler tritt in mehr als in einem solchen Paar auf. Einen Ausnahmefall gilt es allerdings zu beachten, nämlich wenn $a = b$, also $n = a \cdot a$ ist. Dies kann aber nur passieren, wenn n eine Quadratzahl ist, und auch dann nur für genau einen Teiler (die Wurzel von n, was aber hier nicht thematisiert werden muss). Die Paare bestehen also normalerweise aus zwei unterschiedlichen Zahlen; nur bei Quadratzahlen gibt es eine Zahl, die sich gleichsam selbst die Hand gibt. Damit ist gezeigt, dass Quadratzahlen immer eine ungerade Anzahl von Teiler besitzen, während Nicht-Quadratzahlen eine gerade Anzahl von Teilern besitzen.

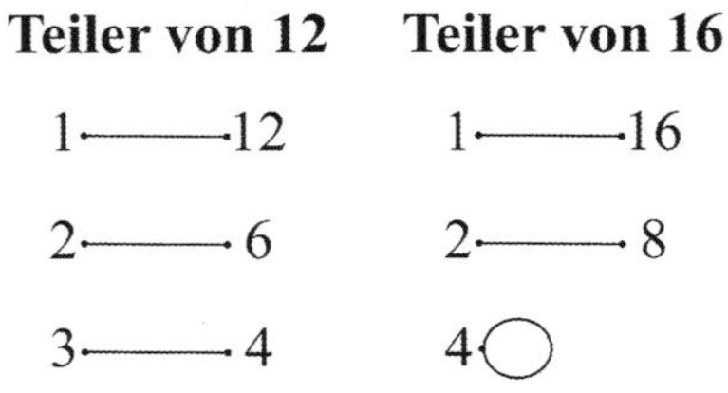

Abb. 10.1 Teiler von 12
und 16 in Zweierreihen

Teiler von 12   Teiler von 16

1———12   1———16

2——— 6   2——— 8

3——— 4   4◯

Didaktische Anregung Abb. 10.1 illustriert die Beweisidee für die Zahlen 12 und 16. Vor dem allgemeinen Beweis kann der Kursleiter die Beweisidee an den Zahlen 12 und 16 illustrieren.

Mathematische Ziele und Ausblicke
Primzahlen und die Teilbarkeit von natürlichen Zahlen spielen in der Mathematik eine wichtige Rolle. Zum Teil werden solche Fragestellungen auch im Schulunterricht behandelt, etwa zur Bestimmung des größten gemeinsamen Teilers oder des kleinsten gemeinsamen Vielfachen von natürlichen Zahlen (üblicherweise in der Unterstufe). Mathematisch bezeichnet man die Erläuterungen unter „Dividus erklärt" übrigens als Definitionen. In der letzten Teilaufgabe wird wieder ein mathematischer Beweis geführt.

Dieses mathematische Abenteuer ist außergewöhnlich umfangreich und inhaltlich sicher das anspruchsvollste in diesem Band. Für dieses mathematische Abenteuer sollten zwei oder gar drei Unterrichtseinheiten verwendet werden.

Didaktische Anregung Gerade für jüngere Schüler stellt dieses Kapitel eine große Herausforderung dar. Es steht dem Kursleiter frei, unter Berücksichtigung der Leistungsstärke der AG die Teilaufgaben f) und g) wegzulassen und den Schülern die Berechnungsformeln Gl. 11.5, Gl. 11.6 und Gl. 11.7 an Beispielen zu erklären, ohne diese herzuleiten.

Die beiden ersten Übungsaufgaben sind relativ einfach und das Vorgehen ist schon aus dem letzten Kapitel bekannt. Daher sollten sie alle Kinder lösen können und erste Erfolgserlebnisse erzielen.

a) $63 = 3 \cdot 21 = 3 \cdot 3 \cdot 7$

b) $125 = 5 \cdot 25 = 5 \cdot 5 \cdot 5$

c) Dividus erklärt die Potenzschreibweise, auch wenn dies einigen Kindern vielleicht schon aus dem Unterricht bekannt ist

$63 = 3^2 \cdot 7$ und $125 = 5^3$

Möglicherweise haben die Schüler bereits bei den Teilaufgaben a) und b) die Potenzschreibweise verwendet. Dann ist Teilaufgabe c) bereits gelöst.

Was sollte Clemens auffallen, wenn er die Primfaktorzerlegung von 12 betrachtet?

Beobachtung In den Primfaktorzerlegungen der Teiler von 12 treten keine anderen Primfaktoren als bei der Primfaktorzerlegung von $12 = 2^2 \cdot 3^1$ auf (also 2 und 3).

© Springer Fachmedien Wiesbaden GmbH, ein Teil von Springer Nature 2019

S. Schindler-Tschirner und W. Schindler, *Mathematische Geschichten II – Rekursion, Teilbarkeit und Beweise,* essentials, https://doi.org/10.1007/978-3-658-25502-2_11

Kein Primfaktor tritt häufiger auf als in der Primfaktorzerlegung der 12. Genauer gesagt, ist jedes Produkt $2^s \cdot 3^t$ ein Teiler von 12, für das $s \in \{0, 1, 2\}$ und $t \in \{0, 1\}$ gilt.

Erklärung Angenommen, a ist ein Teiler von 12. Dann ist $n = a \cdot b$ für $b = 12 : a$. Ist $a = 1$ oder $a = 12$, besitzt a die obige Form. Andernfalls kann man die Primfaktorzerlegung von 12 schrittweise, also für a und b getrennt, bestimmen. Daher muss $a = 2^s \cdot 3^t$ sein, und die Exponenten s und t können nicht größer als 2 bzw. 1 sein. Andererseits ist jede Zahl $a = 2^s \cdot 3^t$ ein Teiler von 12, falls s und t nicht größer als 2 bzw. 1 sind; dann gilt nämlich $12 = a \cdot b$ für $b = 2^{2-s} \cdot 3^{1-t}$, da man beim Multiplizieren die Faktoren vertauschen darf. Die Zahl b ist das Produkt der „übrig gebliebenen" Primfaktoren.

Ergänzung (für den Kursleiter) Mit den gleichen Überlegungen kann man zeigen, dass die obige Beobachtung allgemein für jede Zahl n gilt. Die Teiler von n kann man als Produkt von Potenzen der Primfaktoren darstellen, die in der Primfaktorzerlegung von n auftreten. Dabei dürfen die Exponenten nicht größer als in der Primfaktorzerlegung von n sein (0 ist möglich). Umgekehrt ergeben alle in dieser Hinsicht zulässigen Kombinationen von Exponenten Teiler von n. Das ist der Schlüssel zur Lösung.

Didaktische Anregung Gl. 5.1 und 5.2, die Teilaufgaben d) und e) und später noch Gl. 5.3, sollen die Kinder zur Erkenntnis führen, wie man die Teiler einer Zahl als Produkt von Primzahlpotenzen beschreiben kann. Möglicherweise erkennen die Kinder (anders als Clemens) die Gesetzmäßigkeit bereits nach d) oder e). Dann kann der Kursleiter Teilaufgabe h) (zunächst ohne den Berechnungsanteil) vorziehen. Wichtig ist die Beschreibung der Teiler, während die Begründung ggf. kürzer behandelt werden kann.

Wie in Kap. 10 bezeichnet T(n) die Menge aller Teiler der Zahl n. Es bleibt dem Kursleiter überlassen, ob er diese Kurzschreibweise verwendet oder wie in der Aufgabenstellung etwas länger „Teiler von n" schreibt.

d) $20 = 2 \cdot 10 = 2 \cdot 2 \cdot 5 = 2^2 \cdot 5,$

$T(20) = \{1, 2, 4, 5, 10, 20\} = \left\{1, 2, 2^2, 5, 2 \cdot 5, 2^2 \cdot 5\right\}, 6 \text{ Teiler}$

e) $35 = 5 \cdot 7, \qquad T(35) = \{1, 5, 7, 5 \cdot 7\}, 4 \text{ Teiler}$

In d) und e) haben wir die Teiler der Zahlen 20 und 35 in Potenzschreibweise aufgezählt. Die Anzahl der Teiler einer Zahl n hängt nicht von deren Primfaktoren selbst ab, sondern nur davon, wie viele Primfaktoren und in welcher Potenz diese Primfaktoren in der Primfaktorzerlegung von n auftreten. Man überzeugt sich leicht, dass z. B. sowohl $6 = 2 \cdot 3$ als auch $35 = 5 \cdot 7$ jeweils 4 Teiler besitzen. Die Aufgabe, die Anzahl der Teiler einer Zahl zu bestimmen, reduziert sich auf eine einfache kombinatorische Fragestellung. Als Vorbereitung dienen die Teilaufgaben f) und g), die in die elementare Kombinatorik einführen.

f) **Beobachtung** Das Outfit von Karl Nager wird durch die Auswahl des Hemdes {b,g,r} und der Hose {st,pu} beschrieben. Eine mögliche Kombination ist beispielsweise (g,st). Das bedeutet, dass Karl Nager sein gelbes Hemd und seine gestreifte Hose anzieht.

   Gesucht ist die Anzahl aller möglichen Bekleidungskombinationen aus Hemd und Hose. Der Kursleiter sollte den Kindern zunächst die Möglichkeit geben, alle möglichen Kombinationen aufzuschreiben. Vielleicht erkennen einzelne Kinder bereits hier die gesuchte Gesetzmäßigkeit.

   Wenden wir uns nun der systematischen Lösung zu: Karl kann aus drei Hemden und zwei Hosen auswählen. Zum blauen Hemd kann er entweder die gestreifte oder die gepunktete Hose anziehen. Das sind zwei Möglichkeiten. Dasselbe gilt natürlich auch für das gelbe und das rote Hemd, denn die Auswahl der Hose ist von der Hemdfarbe unabhängig. Insgesamt hat Karl Nager also $3 \cdot 2 = 6$ Möglichkeiten, seine Hemden mit den Hosen zu kombinieren.

g) **Beobachtung** In g) werden auch noch Karls Socken {s,w,k,l} berücksichtigt. Eine mögliche Kombination besteht jetzt nicht mehr aus zwei, sondern aus drei Kleidungsstücken. Beispielsweise bedeutet (b,pu,k), dass Karl Nager sein blaues Hemd, seine gepunktete Hose und seine karierten Socken anzieht.

   Auch hier sollten die Kinder zunächst alle Kombinationen aufschreiben und sammeln, sofern die allgemeine Gesetzmäßigkeit nicht schon bei f) erkannt wurde.

   Offensichtlich kann Karl zu jeder Kombination aus Hemd und Hose (z. B. rotes Hemd mit gestreifter Hose) vier Paar Socken auswählen. Wir wissen aber schon aus f), dass es $3 \cdot 2 = 6$ Kombinationen aus Hemd und Hose gibt. Daraus folgt, dass Karl Nager insgesamt $3 \cdot 2 \cdot 4 = 24$ Kombinationen aus Hemd, Hose und Socken besitzt.

   Man beachte, dass 24 das Produkt aus der Anzahl der Hemden (=3), der Anzahl der Hosen (=2) und der Anzahl der Socken (=4) ist. Karl Nager kann sich also an 24 aufeinanderfolgenden Tagen unterschiedlich kleiden!

Hinweis In der Kombinatorik werden solche Probleme oft durch Urnen-modelle beschrieben. Für g) bedeutet dies: Es gibt drei Urnen. In der ersten Urne befinden sich drei Kugeln, die mit „b", „g" und „r" beschriftet sind. In der zweiten Urne befinden sich zwei Kugeln („st" und „pu"), während in der dritten Urne vier Kugeln sind („s", „w", „k" und „l"). Zieht man aus jeder Urne eine Kugel, legt dies die Kleidung von Karl Nager fest. Die Gesamtanzahl der möglichen Kleiderkombinationen erhält man, indem man die Anzahl der Kugeln multipliziert, die sich in den einzelnen Urnen befinden (hier: $3 \cdot 2 \cdot 4 = 24$).

Diese Überlegungen benötigen wir, um die folgenden Teilaufgaben zu lösen.

h) Zur Erinnerung: $12 = 2^2 \cdot 3^1$. In Gleichung Gl. 5.3 tritt die gesuchte Gesetzmäßigkeit offen zutage (vgl. Beobachtung, Erklärung und Ergänzung). Die Teiler von 12 werden stets als Produkt von 2er- *und* 3er-Potenzen dargestellt, auch wenn ein oder beide Exponenten 0 sind. (Es handelt sich dann nicht mehr um eine Primfaktorzerlegung, da „1" als Faktor auftritt, aber das ist hier nicht wichtig.) Die Teiler von 12 kann man durch die sechs Paare (0,0), (0,1), (1,0), (1,1), (2,0), (2,1) beschreiben. Dabei entspricht die erste Zahl einer Klammer dem Exponenten des ersten Primfaktors in der Primfaktorzerlegung (hier: 2) und die zweite Zahl dieser Klammer dem Exponenten des zweiten Primfaktors (hier: 3). Tab. 11.1 illustriert die Korrespondenz zwischen Zahlenpaaren und den Teilern beispielhaft an den Zahlen 12 und 35.

Beobachtung Das verhält sich genauso wie mit Karl Nagers Hemden und Hosen in Teilaufgabe f): Dort standen Karl 3 Hemden (hier: 1. Exponent $= 0$, 1 oder 2) und 2 Hosen (hier: 2. Exponent $= 0$ oder 1) zum Kombinieren zur Verfügung. Also besitzt $12 = 2^2 \cdot 3^1$ genau $3 \cdot 2 = 6$ Teiler. Oder anders ausgedrückt:

$$((\text{Exponent von 2}) + 1) \cdot ((\text{Exponent von 3}) + 1) = 6. \qquad (11.1)$$

Oder im Urnenmodell: Es gibt zwei Urnen, wobei sich in der ersten Urne drei rote Kugeln mit der Aufschrift „0", „1" und „2" befinden und in einer zweiten Urne zwei grüne Kugeln mit der Aufschrift „0" und „1". Wie viele Möglichkeiten gibt es, wenn man aus jeder Urne genau eine Kugel zieht?

Der Kursleiter kann nun direkt zu i) übergehen oder zur Übung zunächst mit den Kindern gemeinsam die Anzahl der Teiler von 20 und von 35 ausrechnen.

Lösung: $20 = 2^2 \cdot 5^1$ besitzt insgesamt $(2 + 1) \cdot (1 + 1) = 3 \cdot 2 = 6$ Teiler, aber $35 = 5^1 \cdot 7^1$ besitzt nur $(1 + 1) \cdot (1 + 1) = 2 \cdot 2 = 4$ Teiler.

i) Es ist $55 = 5^1 \cdot 11^1$. Daher besitzt 55 insgesamt $(1 + 1) \cdot (1 + 1) = 2 \cdot 2 = 4$ Teiler. (Es ist $T(55) = \{1, 5, 11, 55\} = \{5^0 \cdot 11^0, 5^1 \cdot 11^0, 5^0 \cdot 11^1, 5^1 \cdot 11^1\}$.)

Tab. 11.1 Die Teiler von
12 und 35

$12 = 2^2 \cdot 3^1$		$35 = 5^1 \cdot 7^1$	
Paare	Teiler	Paare	Teiler
(0,0)	$2^0 \cdot 3^0 = 1$	(0,0)	$5^0 \cdot 7^0 = 1$
(0,1)	$2^0 \cdot 3^1 = 3$	(0,1)	$5^0 \cdot 7^1 = 7$
(1,0)	$2^1 \cdot 3^0 = 2$	(1,0)	$5^1 \cdot 7^0 = 5$
(1,1)	$2^1 \cdot 3^1 = 6$	(1,1)	$5^1 \cdot 7^1 = 35$
(2,0)	$2^2 \cdot 3^0 = 4$		
(2,1)	$2^2 \cdot 3^1 = 12$		

Korrespondenz zwischen Zahlenpaaren und Teilern

Beobachtung Es kommt also nicht auf die Primfaktoren selbst an, sondern nur darauf, wie viele verschiedene Primfaktoren wie oft in der Primfaktorzerlegung einer Zahl n auftreten. Betrachtet man deren Teiler, so kann jeder einzelne Primfaktor dort höchstens so oft auftreten wie in der Primfaktorzerlegung von n selbst (= Exponent dieser Primzahl in der Primfaktorzerlegung von n), und alles zwischen 0 und dieser Anzahl ist möglich!

Es folgen noch einige Übungsaufgaben, bei denen die Primfaktorzerlegung und der soeben gelernte Sachverhalt eingeübt werden können. Es bleibt dem Kursleiter überlassen, die Aufgaben auf Gruppen aufzuteilen oder einige wegzulassen.

j) $100 = 2^2 \cdot 5^2$. Daher besitzt 100 insgesamt $(2 + 1) \cdot (2 + 1) = 3 \cdot 3 = 9$ Teiler. Wie oben ausführlich erläutert, ergibt sich der Summand „+1" aus der Tatsache, dass jeweils die Exponenten 0, 1, und 2 möglich sind. Die übrigen Teilaufgaben löst man analog.

k) $99 = 3^2 \cdot 11^1$. Daher besitzt 99 insgesamt $(2 + 1) \cdot (1 + 1) = 3 \cdot 2 = 6$ Teiler.

l) $128 = 2^7$. Daher besitzt 128 insgesamt $(7 + 1) = 8$ Teiler.

m) $168 = 2^3 \cdot 3^1 \cdot 7^1$. Hier treten erstmals drei verschiedene Primfaktoren auf (Pendant zu g)). Daher besitzt 168 insgesamt

$$((\text{Exponent von } 2) + 1) \cdot ((\text{Exponent von } 3) + 1) \cdot ((\text{Exponent von } 7) + 1)$$
$$= (3 + 1) \cdot (1 + 1) \cdot (1 + 1) = 4 \cdot 2 \cdot 2 = 16 \text{ Teiler}. \qquad (11.2)$$

n) $525 = 3^1 \cdot 5^2 \cdot 7^1$. Daher besitzt 525 insgesamt $(1 + 1) \cdot (2 + 1) \cdot (1 + 1) = 2 \cdot 3 \cdot 2 = 12$ Teiler.

o) $529 = 23^2$. Da 23 eine Primzahl ist, besitzt 529 nur 3 Teiler.

In den Teilaufgaben m) und n) treten jeweils drei verschiedene Primfaktoren auf. Wir können uns vorstellen, dass sich in einer dritten Urne blaue Kugeln befinden, die angeben, wie oft der Primfaktor 7 auftritt. Normalerweise haben große Zahlen viele Teiler, aber 529 zeigt, dass das nicht immer so ist.

Ergänzungen Unsere Berechnungsformel kann man auf beliebige natürliche Zahlen n verallgemeinern:

$$\text{Es sei } n = p_1^{c_1} \cdot p_2^{c_2} \cdot \ldots \cdot p_k^{c_k} \text{ (Primfaktorzerlegung von } n). \tag{11.3}$$

Dabei bezeichnen p_1, p_2, ..., p_k unterschiedliche Primzahlen, und die Exponenten c_1, c_2, ..., c_k sind größer oder gleich 1. Dann gilt (vgl. z. B. Menzer und Althöfer 2014, Satz 4.2.1):

$$\text{Die Zahl } n = p_1^{c_1} \cdot p_2^{c_2} \cdot \ldots \cdot p_k^{c_k} \text{ besitzt } (c_1 + 1) \cdot \ldots \cdot (c_k + 1) \text{ Teiler.} \tag{11.4}$$

Beispiel $12 = 2^2 \cdot 3$. Hier ist $p_1 = 2$, $c_1 = 2$, $p_2 = 3$ und $c_2 = 1$.
$525 = 3^1 \cdot 5^2 \cdot 7^1$. Hier ist $p_1 = 3$, $c_1 = 1$, $p_2 = 5$, $c_2 = 2$, $p_3 = 7$ und $c_3 = 1$.

Gl. 11.4 ist schon ziemlich „formellastig". Daher ist die (bekannte) allgemeine Formel Gl. 11.4 nur für den Kursleiter gedacht, um Fragen von Schülern beantworten zu können, wie es sich verhält, wenn die Primfaktorzerlegung von n mehr als drei unterschiedliche Primfaktoren enthält. Für die Schüler dürfte dies zu schwierig sein.

Aus Gl. 11.4 ergeben sich insbesondere die Berechnungsformeln für die Spezialfälle, bei denen in der Primfaktorzerlegung von n ein, zwei bzw. drei unterschiedliche Primfaktoren auftreten. In Gl. 11.5, Gl. 11.6 und Gl. 11.7 wurde auf Indices verzichtet.

$$\text{Die Zahl } n = p^s \text{ besitzt } (s + 1) \text{ Teiler.} \tag{11.5}$$

$$\text{Die Zahl } n = p^s \cdot q^t \text{ besitzt } (s + 1) \cdot (t + 1) \text{ Teiler.} \tag{11.6}$$

$$\text{Die Zahl } n = p^s \cdot q^t \cdot r^u \text{ besitzt } (s + 1) \cdot (t + 1) \cdot (u + 1) \text{ Teiler.} \tag{11.7}$$

Dabei bezeichnen (p und q) bzw. (p, q und r) unterschiedliche Primfaktoren, und die Exponenten s, t und u sind größer oder gleich 1.

Mathematische Ziele und Ausblicke
Zunächst wird durch mehrere Übungsaufgaben nochmals die wichtige Technik der Primfaktorzerlegung eingeübt, die in der Mathematik eine wichtige Rolle spielt (vgl. Kap. 10). In diesem mathematischen Abenteuer sollen die Kinder über

ausgewählte Beispiele zur Lösung des Ausgangsproblems (Anzahl von Teilern) hingeführt werden, das auf den ersten Blick scheinbar nur wenig mit Primzahlen zu tun hat.

Hierfür sind auch elementare kombinatorische Überlegungen notwendig, die auch in Aufgaben diverser Mathematikwettbewerbe, z. B. der Mathematikolympiade, für die Grundschule (vgl. z. B. Mathematik-Olympiaden e. V. 2013, Aufgaben 470412, 500414, 520321, 520411 (Klassenstufen 3 und 4)) oder der Unterstufe auftreten. Im Schulunterricht steht die Kombinatorik (mit tiefergehender inhaltlicher Ausrichtung) als Teilgebiet der Stochastik üblicherweise erst in der Oberstufe auf dem Lehrplan.

Mit der allgemeinen Berechnungsformel Gl. 11.4 kann man z. B. (mit einer einfachen Zusatzüberlegung) die Aufgabe 561234 (Landesrunde, Klassenstufe 12/13) aus der 56. Mathematikolympiade (Mathematik-Olympiade e. V. 2017) lösen.

Musterlösung zu Kapitel 6

12

Nach dem doch sehr anspruchsvollen Kap. 5 sind die beiden letzten Kapitel deutlich einfacher, da dort im Wesentlichen gerechnet wird.

a) $16 : 7 = 2$ Rest 2, $9 : 7 = 1$ Rest 2, $2 : 7 = 0$ Rest 2, $70 : 7 = 10$ Rest 0
b) $16 : 5 = 3$ Rest 1, $11 : 5 = 2$ Rest 1, $9 : 5 = 1$ Rest 4

Anmerkung zur Definition von $a \equiv b \bmod n$ Es sind a und b ganze Zahlen, können also Werte in der Menge $Z = \{\ldots - 3, -2, -1, 0, 1, 2, 3 \ldots\}$ annehmen. In den Aufgaben sind a und b jedoch nie negativ, da die Grundschüler noch keine negativen Zahlen kennen.

Didaktische Anregung Der Kursleiter kann den Schülern kurz erklären, dass die nichtnegativen ganzen Zahlen 0, 1, 2, … eine Teilmenge der ganzen Zahlen sind und es zwar noch weitere ganze Zahlen (negative Zahlen) gibt, in der AG jedoch nur nichtnegative Zahlen vorkommen. Mit denen sind die Schüler ja vertraut. Alternativ könnte der Kursleiter die Nichtnegativität von a und b in die Definition aufnehmen. Allerdings entspräche dies dann nicht mehr der üblichen Definition, und für die „Ergänzenden Bemerkungen" in Kap. 13 müsste diese Definition dann wieder auf ganze Zahlen erweitert werden.

Die Modulo-Rechnung orientiert sich am Teilen mit Rest, welches in der Grundschule gelehrt wird. Allerdings interessiert man sich bei der Modulo-Rechnung nur für den Divisionsrest.

© Springer Fachmedien Wiesbaden GmbH, ein Teil von Springer Nature 2019
S. Schindler-Tschirner und W. Schindler, *Mathematische Geschichten II – Rekursion, Teilbarkeit und Beweise*, essentials,
https://doi.org/10.1007/978-3-658-25502-2_12

c) $22 \equiv 2 \bmod 10$, $\quad 171 \equiv 1 \bmod 2$, $\quad 22 \equiv 7 \bmod 15$,

$52 \equiv 2 \bmod 25$, $\quad 17 \equiv 3 \bmod 7$, $\quad 22 \equiv 22 \bmod 28$.

Anmerkung Natürlich ist auch $22 \equiv 12 \bmod 10$ richtig, aber 12 ist nicht die kleinste nichtnegative Zahl, die diese Kongruenz erfüllt. Meistens sind die kleinsten Lösungen von besonderem Interesse, wie wir im Folgenden (z. B. im Kontext von Uhrzeitaufgaben) noch sehen werden.

Bei den Aufgaben zu den Wochentagen spielt die Zahl 7 die zentrale Rolle, weil es 7 Wochentage gibt, die sich wiederholen. Bei der Uhrzeit übernimmt die Zahl 24 die Rolle der 7, weil der Tag 24 h hat und deshalb nach 24 h dieselbe Uhrzeit ist wie gerade jetzt. Verwendet man nur die Bezeichnungen 1 bis 12 Uhr (vormittags wie nachmittags), so ist die Zahl 12 relevant.

d) Es ist $26 \equiv 2 \bmod 24$. Daher ist es in 26 h genauso spät wie in 2 h. Da es jetzt 18 Uhr ist, ist es dann 20 Uhr.

e) Es ist $52 \equiv 4 \bmod 24$. Daher ist es in 52 h genauso spät wie in 4 h. Da es jetzt 10 Uhr ist, ist es dann 14 Uhr.

f) Es ist $27 \equiv 3 \bmod 24$. Daher ist es in 27 h genauso spät wie in 3 h. Da es jetzt 23 Uhr ist, ist es dann 2 Uhr.

g) $29 \equiv 5 \bmod 24$, $\quad 241 \equiv 1 \bmod 24$, $\quad 59 \equiv 11 \bmod 24$

h) Wir wollen auch hierfür die Modulo-Rechnung verwenden. Zwischen dem 1. Januar 2019 und dem 1. Januar 2020 liegt genau ein Jahr. Das Jahr 2019 ist kein Schaltjahr und hat daher 365 Tage.

Nun ist $365 : 7 = 52$ Rest 1, also $365 \equiv 1 \bmod 7$. Also ist der 1. Januar 2020 ein Mittwoch.

i) Zwischen dem 1. Januar 2019 und dem 1. Januar 2023 liegen genau vier Jahre, wobei 2020 ein Schaltjahr ist und daher 366 Tage besitzt. Insgesamt vergehen also $365 + 366 + 365 + 365 = 1461$ Tage. Nun ist $1461 : 7 = 208$ Rest 5. Also ist $1461 \equiv 5 \bmod 7$, und der 1. Januar 2023 ist ein Sonntag. Velox hatte bei seiner Antwort nicht bedacht, dass 2020 ein Schaltjahr ist.

Mathematische Ziele und Ausblicke

Das Rechnen mit Resten wird zunächst an Wochentags- und Uhrzeitproblemen motiviert. Dann wird die Modulorechnung formal eingeführt und an mehreren Beispielen eingeübt. Die Modulorechnung wird in Kap. 7 weiter vertieft. Wir werden Rechenregeln kennenlernen, die die praktische Anwendung der Modulorechnung deutlich vereinfachen.

Musterlösung zu Kapitel 7

Die ersten Übungsaufgaben sind wieder relativ einfach, aber es ist sehr wichtig, dass die Kinder die Rechenregeln verinnerlichen. Mit Rechenregel 1 erhält man

a) $22 + 17 \equiv 2 + 7 \equiv 9 \bmod 10, \qquad 100 + 17 \equiv 0 + 7 \equiv 7 \bmod 10,$

$31 + 17 \equiv 1 + 2 \equiv 3 \equiv 0 \bmod 3, \qquad 7 + 2 \equiv 3 + 2 \equiv 5 \equiv 1 \bmod 4,$

$12 + 2 + 3 \equiv 0 + 0 + 1 \equiv 1 \bmod 2.$

Hinweis Die Nummerierung der Modulo-Rechenregeln ist nicht in der Literatur üblich, sondern dient hier lediglich der kürzeren Bezeichnung.

b) Aus der Teilaufgabe h) aus Kap. 6 wissen wir bereits, dass $365 \equiv 1 \bmod 7$ gilt. Daraus folgt nun ohne größere Rechnung:

$365 + 366 + 365 + 365 \equiv 1 + 2 + 1 + 1 \equiv 5 \bmod 7.$

Der 1. Januar 2023 ist also ein Sonntag.

c) $22 \cdot 22 \equiv 1 \cdot 1 \equiv 1 \bmod 7, \qquad 10 \cdot 17 \equiv 1 \cdot 2 \equiv 2 \bmod 3,$

$31 \cdot 17 \equiv 0 \cdot 17 \equiv 0 \bmod 31.$

d) Es ist $10 \equiv 1 \bmod 3$. Nutzt man dieses Ergebnis und wendet die Rechenregel 2 an, erhält man $100 = 10 \cdot 10 \equiv 1 \cdot 1 \equiv 1 \bmod 3$. Genauso zeigt man $1000 \equiv 1 0 \cdot 100 \equiv 1 \cdot 1 \equiv 1 \bmod 3$.

Ebenso sind

$10 \equiv 1 \bmod 9, \qquad 100 = 10 \cdot 10 \equiv 1 \cdot 1 \equiv 1 \bmod 9$ und

$1000 = 10 \cdot 100 \equiv 1 \cdot 1 \equiv 1 \bmod 9.$

e) Mit Rechenregel 2 und den Ergebnissen aus d) erhält man

$3000 = 3 \cdot 100 \equiv 3 \cdot 1 \equiv 3 \bmod 9, \qquad 200 = 2 \cdot 100 \equiv 2 \cdot 1 \equiv 2 \bmod 9,$

$40 = 4 \cdot 10 \equiv 4 \cdot 1 \equiv 4 \bmod 9.$

© Springer Fachmedien Wiesbaden GmbH, ein Teil von Springer Nature 2019
S. Schindler-Tschirner und W. Schindler, *Mathematische Geschichten II – Rekursion, Teilbarkeit und Beweise*, essentials, https://doi.org/10.1007/978-3-658-25502-2_13

f) Mit Rechenregel 1 und Teilaufgabe e) so folgt sofort

$$3246 = 3000 + 200 + 40 + 6 \equiv 3 + 2 + 4 + 6 \equiv 15 \equiv 6 \bmod 9.$$

Also besitzt die Zahl 3246 den 9er-Rest 6.

g) Auf dieselbe Weise wie in f) berechnet man

$$3564 = 3000 + 500 + 60 + 4 = 3 \cdot 1000 + 5 \cdot 100 + 6 \cdot 10 + 4$$
$$\equiv 3 \cdot 1 + 5 \cdot 1 + 6 \cdot 1 + 4 \equiv 3 + 5 + 6 + 4 \equiv 18 \equiv 0 \bmod 9.$$

Also ist die Zahl 3564 durch 9 teilbar.

h) 1. Multiplikationsaufgabe: Unter Verwendung der Quersummenregel erhält man sofort $34 \cdot 54 \equiv 7 \cdot 0 \equiv 0 \bmod 9$, aber $1736 \equiv 1 + 7 + 3 + 6 \equiv 17 \equiv 8 \bmod 9$. Wäre das Ergebnis der Multiplikation richtig, müssten natürlich beide Seiten der Multiplikationsaufgabe denselben 9er-Rest haben. (Tatsächlich ist $34 \cdot 54 = 1836$.)

2. Multiplikationsaufgabe: Ebenso gilt $27 \cdot 44 \equiv 0 \cdot 8 \equiv 0 \bmod 9$, aber $1178 \equiv 1 + 1 + 7 + 8 \equiv 17 \equiv 8 \bmod 9$. Also ist auch diese Multiplikationsaufgabe falsch. (Tatsächlich ist $27 \cdot 44 = 1188$.)

3. Multiplikationsaufgabe: Es ist $24 \cdot 19 \equiv 6 \cdot 1 \equiv 6 \bmod 9$ und ebenso ist $456 \equiv 4 + 5 + 6 \equiv 15 \equiv 6 \bmod 9$.

4. Multiplikationsaufgabe: Hier ist $37 \cdot 41 \equiv 1 \cdot 5 \equiv 5 \bmod 9$ und auch $1508 \equiv 1 + 5 + 0 + 8 \equiv 14 \equiv 5 \bmod 9$.

Das dritte und das vierte Ergebnis *könnten* also richtig sein. Tatsächlich ist aber nur das dritte Ergebnis richtig, während $37 \cdot 41 = 1517$ ist.

Das Vorgehen in Teilaufgabe h) ist auch als „9er-Probe" bekannt und war vor der Entwicklung der Taschenrechner ein probates Verfahren, um Rechenfehler beim schriftlichen Multiplizieren zu entdecken. Der Kursleiter muss hier aber deutlich machen, dass man mit der 9er-Probe nur *(mit Sicherheit)* feststellen kann, dass ein Rechenergebnis falsch ist, aber nicht, dass es richtig ist. Stimmt das Produkt der 9er-Reste der Faktoren mit dem 9er-Rest des errechneten Ergebnisses überein (wie bei der dritten und vierten Multiplikationsaufgabe), *kann* das Ergebnis richtig sein (dritte Multiplikationsaufgabe), *muss* es aber nicht sein (vierte Multiplikationsaufgabe).

Ergänzende Bemerkungen

In den Erläuterungen zum letzten mathematischen Abenteuer wurde bereits darauf hingewiesen, dass die Modulo-Rechnung nicht nur für die natürlichen Zahlen gilt, sondern die negativen ganzen Zahlen einschließt. Da dieses *essential* auf Grundschulkinder ausgerichtet ist, werden die negativen Zahlen ausgespart. In Analogie zu den Rechenregeln für die Addition und Multiplikation gilt auch.

Rechenregel 3 zur Modulorechnung (Subtraktion)

Aus $a \equiv a'$ mod n und $b \equiv b'$ mod n folgt $a-b \equiv a'-b'$ mod n

Beispiel Es ist $19 \equiv 9$ mod 10 und $12 \equiv 2$ mod 10. Aus der Rechenregel 3 folgt $19 - 12 \equiv 9 - 2 \equiv 7$ mod 10.

Es kann vorkommen, dass Zwischenergebnisse negativ sind. Dann kann man einfach so lange den Modul addieren, bis das Ergebnis größer oder gleich 0 ist.

Beispiel Es ist $22 \equiv 2$ mod 10 und $19 \equiv 9$ mod 10. Aus der Rechenregel 3 folgt $22 - 19 \equiv 2 - 9 \equiv -7 \equiv -7 + 10 \equiv 3$ mod 10.

Mit Rechenregel 3 kann man weitere interessante Aufgaben lösen. Nachfolgend werden mehrere Aufgaben angesprochen und gelöst. Falls Schüler aus der Unterstufe teilnehmen, kann der Kursleiter die Rechenregel 3 erläutern und auch diese Aufgaben hinzunehmen.

Zusatzaufgabe_a) Bestimme die kleinste nichtnegative Zahl, für die die Kongruenz richtig ist. Rechne geschickt:

$$242-111 \equiv \quad \text{mod 10}, \qquad 100-17 \equiv \quad \text{mod 10}, \qquad 301-17 \equiv \quad \text{mod 3}.$$

Lösung:

$$242-111 \equiv 2-1 \equiv 1 \text{ mod 10}, \qquad 100-17 \equiv 0 - 7 \equiv -7 + 10 \equiv 3 \text{ mod 10},$$

$$301-17 \equiv 1-2 \equiv -1 \equiv 3-1 \equiv 2 \text{ mod 3}.$$

Zusatzaufgabe_b) Rechne aus, an welchem Wochentag du geboren bist.

Lösung: Wir erklären die Aufgabe an einem Beispiel. Ben hat am 18. Mai 2018 seinen 10. Geburtstag gefeiert. Ein Blick auf den Kalender des Jahres 2018 zeigt, dass dies ein Freitag ist. Seit seiner Geburt sind genau 10 Jahre vergangen. Ignoriert man für den Moment die Schalttage, sind dies $10 \cdot 365$ Tage. Hinzu kommen 2 Schalttage (29. Februar 2012, 29. Februar 2016). Da die Geburt in der Vergangenheit liegt, ergibt dies ein negatives Vorzeichen. Wie wir bereits wissen, ist $365 \equiv 1$ mod 7, und damit folgt insgesamt $-(10 \cdot 365 + 2) \equiv -(3 \cdot 1 + 2) \equiv -5 \equiv 7-5 \equiv 2$ mod 7. Also wurde Ben an einem Sonntag geboren.

Mathematische Ziele und Ausblicke

Im letzten mathematischen Abenteuer wird die Modulo-Rechnung weiter vertieft. Es werden nützliche Rechenregeln für die Addition und Multiplikation eingeführt, die die Anwendungsgebiete der Modulo-Rechnung deutlich erweitern.

Die Modulorechnung spielt in der Zahlentheorie eine wichtige Rolle. Mit ihrer Hilfe kann man beispielsweise Fragen zu Teilbarkeiten lösen, Teilbarkeitsregeln herleiten und beweisen (vgl. z. B. die Anmerkung von Zwerg Modulus zu den Teilbarkeitsregeln für die Zahlen 3 und 9), und manchmal kann man die Nichtexistenz von Lösungen nachweisen. Dennoch wird die Modulo-Rechnung in der Schule kaum behandelt. Eine Einführung für (ältere) Schüler in die Modulo-Rechnung samt Übungsaufgaben findet man z. B. in Meier (2003, Kap. 3).

Die Modulorechnung ist auch für viele Aufgaben in Mathematikwettbewerben äußerst nützlich, etwa für die Mathematikolympiade oder dem Bundeswettbewerb Mathematik. Beispielhaft sei auf die Aufgabe 491331 (Landesrunde, Klassenstufe 12/13) aus der 49. Mathematikolympiade (Mathematik-Olympiade e. V. 2010) hingewiesen. Dort kann man mithilfe der Modulorechnung deutlich einfacher als in der Musterlösung zeigen, dass die Gleichung $2010\,x^2 - 2009\,y^2 = 50$ keine ganzzahligen Lösungen x und y besitzt. Mit den Rechenregeln 1, 2 und 3 und der Quersummenregel (angewandt auf 2009 und 2010) erhält man nämlich

$$2010 \cdot x^2 - 2009 \cdot y^2 \equiv 0 \cdot x^2 - 2 \cdot y^2 \equiv 3 \cdot y^2 - 2 \cdot y^2 \equiv y^2 \equiv 50 \equiv 2 \bmod 3. \quad (13.1)$$

Mit Rechenregel 2 kann man leicht zeigen, dass Quadratzahlen nur die 3er-Reste 0 oder 1 besitzen können. Also ist die Kongruenz $y^2 \equiv 2 \bmod 3$ nicht lösbar.

Die Modulorechnung spielt auch in der Kryptografie eine wichtige Rolle, etwa beim weit verbreiteten RSA-Algorithmus (Beutelspacher 2015). Beim RSA-Algorithmus werden sehr große Zahlen potenziert, wobei aber nur die Reste bezüglich eines (sehr großen) Moduls berechnet werden.

Was Sie aus diesem *essential* mitnehmen können

Dieses Buch stellt sorgfältig ausgearbeitete Lerneinheiten mit ausführlichen Musterlösungen für eine Mathematik-AG für begabte Schülerinnen und Schüler in der Grundschule bereit. In sechs mathematischen Geschichten haben Sie

- die Gaußsche Summenformel kennengelernt und an Beispielen geübt.
- ein schwieriges Problem rekursiv gelöst.
- elementare Kombinatorikaufgaben bearbeitet.
- hergeleitet, wie man die Anzahl der Teiler einer Zahl aus deren Primfaktorzerlegung berechnen kann.
- die Modulorechnung kennengelernt und angewandt.
- gelernt, dass in der Mathematik Beweise notwendig sind, und Sie haben selbst mehrere Beweise geführt.

© Springer Fachmedien Wiesbaden GmbH, ein Teil von Springer Nature 2019   59
S. Schindler-Tschirner und W. Schindler, *Mathematische
Geschichten II – Rekursion, Teilbarkeit und Beweise,* essentials,
https://doi.org/10.1007/978-3-658-25502-2

Literatur

Amann, F. (2017). *Mathematikaufgaben zur Binnendifferenzierung und Begabtenförderung. 300 Beispiele aus der Sekundarstufe I.* Wiesbaden: Springer Spektrum.

Ballik, T. (2012). *Mathematik-Olympiade.* Brunn am Gebirge: Ikon.

Bardy, P. (2007). *Mathematisch begabte Grundschulkinder – Diagnostik und Förderung.* Wiesbaden: Springer Spektrum.

Bardy, P., & Hrzán, J. (2010). *Aufgaben für kleine Mathematiker mit ausführlichen Lösungen und didaktischen Hinweisen* (3. Aufl.). Köln: Aulis.

Bauersfeld, H., & Kießwetter, K. (Hrsg.). (2006). *Wie fördert man mathematisch besonders befähigte Kinder? – Ein Buch aus der Praxis für die Praxis.* Offenburg: Mildenberger.

Benz, C., Peter-Koop, A., & Grüßing, M. (2015). *Frühe mathematische Bildung: Mathematiklernen der Drei- bis Achtjährigen.* Wiesbaden: Springer Spektrum.

Beutelspacher, A. (2005). *Christian und die Zahlenkünstler – Eine Reise in die wundersame Welt der Mathematik.* München: Beck.

Beutelspacher, A. (2015). *Kryptologie. Eine Einführung in die Wissenschaft vom Verschlüsseln, Verbergen und Verheimlichen* (10. Aufl.). Wiesbaden: Springer Spektrum.

Beutelspacher, A., & Wagner, M. (2010). *Wie man durch eine Postkarte steigt … und andere mathematische Experimente* (2. Aufl.). Freiburg: Herder.

Daems, J., & Smeets, I. (2016). *Mit den Mathemädels durch die Welt.* Berlin: Springer.

Engel, A. (1998). *Problem-solving strategies.* New York: Springer.

Enzensberger, H. M. (2018). *Der Zahlenteufel. Ein Kopfkissenbuch für alle, die Angst vor der Mathematik haben* (3. Aufl.). München: dtv.

Fritzlar, T. (2013). Mathematische Begabungen im Grundschulalter – Ein Überblick zu aktuellen Fachdidaktischen Forschungsarbeiten. *Mathematica Didacta, 36,* 5–27.

Ganser, B., Schlamp, K., & Tiefenthaler, H. (Hrsg.). (2010). *Besonders begabte Kinder individuell fördern. Mathematik 2: Bd. 2. Schwerpunkt Arithmetik* (3. Aufl.). Augsburg: Auer.

Goldsmith, M. (2013). *So wirst du ein Mathe-Genie.* München: Dorling Kindersley.

Grüßing, M., & Peter-Koop, A. (2006). *Die Entwicklung mathematischen Denkens in Kindergarten und Grundschule: Beobachten – Fördern – Dokumentieren.* Offenburg: Mildenberger.

© Springer Fachmedien Wiesbaden GmbH, ein Teil von Springer Nature 2019

S. Schindler-Tschirner und W. Schindler, *Mathematische Geschichten II – Rekursion, Teilbarkeit und Beweise,* essentials,

https://doi.org/10.1007/978-3-658-25502-2

Institut für Mathematik der Johannes-Gutenberg-Universität Mainz, Monoid-Redaktion (Hrsg.). (1981–2019). *Monoid – Mathematikblatt für Mitdenker.* Mainz: Institut für Mathematik der Johannes-Gutenberg-Universität Mainz, Monoid-Redaktion.

Jainta, P., Andrews, L., Faulhaber, A., Hell, B., Rinsdorf, E., & Streib, C. (2018). *Mathe ist noch mehr. Aufgaben und Lösungen der Fürther Mathematik-Olympiade 2012–2017.* Wiesbaden: Springer Spektrum.

Käpnick, F. (2014). *Mathematiklernen in der Grundschule.* Wiesbaden: Springer Spektrum.

Kobr, S., Kobr, U., Kullen, C., & Pütz, B. (2017). *Mathe-Stars 4 – Fit für die fünfte Klasse.* München: Oldenbourg.

Kopf, Y. (2009). *Mathematik für hochbegabte Kinder: Vertiefende Aufgaben für die 3. Klasse: Kopiervorlagen mit Lösungen.* Augsburg: Brigg.

Kopf, Y. (2010). *Mathematik für hochbegabte Kinder: Vertiefende Aufgaben für die 4. Klasse: Kopiervorlagen mit Lösungen.* Augsburg: Brigg.

Krauthausen, G. (2018). *Einführung in die Mathematikdidaktik – Grundschule* (4. Aufl.). Wiesbaden: Springer Spektrum.

Kreß, C. (2004). *Das Thema „Rekursion" im Informatikunterricht.* Schriftliche Hausarbeit zur Abschlussprüfung der erweiternden Studien für Lehrer im Fach Informatik. Eingereicht dem Amt für Lehrerausbildung in Fuldatal. https://arbeitsplattform.bildung.hessen.de/fach/informatik/material/Rekursion.pdf. Zugegriffen: 18. November 2018.

Krutetski, V. A. (1968). *The psychology of mathematical abilities in schoolchildren.* Chicago: Chicago Press.

Krutezki, W. A. (1968). Altersbesonderheiten der Entwicklung mathematischer Fähigkeiten bei Schülern. *Mathematik in der Schule, 8,* 44–58.

Langmann, H.-H., Quaisser, E., & Specht, E. (Hrsg.). (2016). *Bundeswettbewerb Mathematik: Die schönsten Aufgaben.* Wiesbaden: Springer Spektrum.

Leiken, R., Koichu, B., & Berman, A. (2009). Mathematical giftedness as a quality of problem solving acts. In R. Leiken, et al. (Hrsg.), *Creativity in mathematics and the education of gifted students* (S. 115–227). Rotterdam: Sense Publishers.

Leuders, T. (2010). *Erlebnis Arithmetik – Zum aktiven Entdecken und selbständigen Erarbeiten.* Wiesbaden: Springer Spektrum.

Löh, C., Krauss, S., & Kilbertus, N. (Hrsg.). (2016). *Quod erat knobelandum: Themen, Aufgaben und Lösungen des Schülerzirkels Mathematik der Universität Regensburg.* Wiesbaden: Springer Spektrum.

Mania, H. (2018). *Gauß: Eine Biographie* (4. Aufl.). Reinbek: Rowohlt Taschenbuch.

Mathematik-Olympiaden e. V. Rostock (Hrsg.). (1996–2016). *Die 35. Mathematik-Olympiade 1995 / 1996 – Die 55. Mathematik-Olympiade 2015 / 2016.* Glinde: Hereus.

Mathematik-Olympiaden e. V. Rostock (Hrsg.). (2010). *Die 49. Mathematik-Olympiade 2009 / 2010.* Glinde: Hereus.

Mathematik-Olympiaden e. V. Rostock (Hrsg.). (2013). *Die Mathematik-Olympiade in der Grundschule. Aufgaben und Lösungen 2005–2013* (2. Aufl.). Hamburg: Hereus.

Mathematik-Olympiaden e. V. Rostock (Hrsg.). (2015). *Die 54. Mathematik-Olympiade 2014 / 2015.* Glinde: Hereus.

Mathematik-Olympiaden e. V. Rostock (Hrsg.). (2017). *Die 56. Mathematik-Olympiade 2016 / 2017.* Rostock: Adiant Druck.

Mathematik-Olympiaden e. V. Rostock (Hrsg.). (2017–2018). *Die 56. Mathematik-Olympiade 2016 / 2017 – Die 57. Mathematik-Olympiade 2017 / 2018.* Rostock: Adiant Druck.

Meier, F. (Hrsg.). (2003). *Mathe ist cool! Junior. Eine Sammlung mathematischer Probleme*. Berlin: Cornelsen.

Menzer, H., & Althöfer, I. (2014). *Zahlentheorie und Zahlenspiele: Sieben ausgewählte Themenstellungen* (2. Aufl.). München: De Gruyter Oldenbourg.

Müller, E., & Reeker, H. (2001). *Mathe ist cool! Eine Sammlung mathematischer Probleme*. Berlin: Cornelsen.

Noack, M., Unger, A., Geretschläger, R., & Stocker, H. (Hrsg.). (2014). *Mathe mit dem Känguru 4. Die schönsten Aufgaben von 2012 bis 2014*. München: Hanser.

Nolte, M. (2006). Waben, Sechsecke und Palindrome – Erprobung eines Problemfeldes in unterschiedlichen Aufgabenformaten. In H. Bauersfeld & K. Kießwetter (Hrsg.), *Wie fördert man mathematisch besonders befähigte Kinder? – Ein Buch aus der Praxis für die Praxis* (S. 93–112). Offenburg: Mildenberger.

Padberg, F., & Benz, C. (2011). *Didaktik der Arithmetik – Für Lehrerausbildung und Lehrerfortbildung*. Wiesbaden: Springer Spektrum.

Ruwisch, S., & Peter-Koop, A. (Hrsg.). (2003). *Gute Aufgaben im Mathematikunterricht der Grundschule*. Offenburg: Mildenberger.

Schiemann, S., & Wöstenfeld, R. (2017). *Die Mathe-Wichtel. Bd. 1. Humorvolle Aufgaben mit Lösungen für mathematisches Entdecken ab der Grundschule* (2. Aufl.). Wiesbaden: Springer Spektrum.

Schiemann, S., & Wöstenfeld, R. (2018). *Die Mathe-Wichtel. Bd. 2. Humorvolle Aufgaben mit Lösungen für mathematisches Entdecken ab der Grundschule* (2. Aufl.). Wiesbaden: Springer Spektrum.

Schindler-Tschirner, S., & Schindler, W. (2019). *Mathematische Geschichten I – Graphen, Spiele und Beweise. Für begabte Schülerinnen und Schüler in der Grundschule*. Wiesbaden: Springer Spektrum.

Steinweg, A. S. (2013). *Algebra in der Grundschule – Muster und Strukturen – Gleichungen – Funktionale Beziehungen*. Wiesbaden: Springer Spektrum.

Strick, H. K. (2017). *Mathematik ist schön: Anregungen zum Anschauen und Erforschen für Menschen zwischen 9 und 99 Jahren*. Heidelberg: Springer Spektrum.

Strick, H. K. (2018). *Mathematik ist wunderschön: Noch mehr Anregungen zum Anschauen und Erforschen für Menschen zwischen 9 und 99 Jahren*. Berlin: Springer Spektrum.

Verein Fürther Mathematik-Olympiade e. V. (Hrsg.). (2013). *Mathe ist mehr. Aufgaben aus der Fürther Mathematik-Olympiade 2007–2012*. Hallbergmoos: Aulis.

Printed in the United States
By Bookmasters